国家出版基金项目
NATIONAL PUBLICATION FOUNDATION

CHINESE ACADEMY OF ENGINEERING
中国工程院

国家自然科学基金委员会
NATIONAL NATURAL SCIENCE FOUNDATION OF CHINA
1986

中国工程科技2040发展战略丛书

中国工程科技2040发展战略

平安中国与社会治理领域报告

"中国工程科技2040发展战略研究"项目组

科学出版社
龍門書局
北京

内 容 简 介

《中国工程科技 2040 发展战略·平安中国与社会治理领域报告》以新形势和新技术发展背景下的平安中国与社会治理领域需求为导向，全面分析世界公共安全领域的发展状况与先进水平；结合新一代信息技术等科技水平的发展，提出面向 2040 年的平安中国与社会治理领域工程科技的发展思路、战略目标与总体架构，各子领域的重点任务、重大工程与重大工程科技项目，以及工程科技需求牵引的基础研究方向建议。

本书涵盖自然灾害防御、事故灾难防范、重大疫情防控、安全韧性城市、综合应急技术和社会治理等多个子领域，系统性、综合性、前瞻性强，可为相关政府部门系统谋划和前瞻部署提供参考，为科研工作者把握学科前沿动态、明确研究方向提供指引，为科技企业洞察行业发展趋势、优化企业技术创新布局提供助力，同时智库研究人员、社会公众也可通过本书了解平安中国与社会治理领域工程科技发展状况和未来图景。

图书在版编目（CIP）数据

中国工程科技 2040 发展战略. 平安中国与社会治理领域报告 /“中国工程科技 2040 发展战略研究”项目组编. -- 北京 ：龙门书局, 2025. 6. -- ISBN 978-7-5088-6745-8

Ⅰ. G322；D63

中国国家版本馆 CIP 数据核字第 20256R4H56 号

责任编辑：石　卉　陈晶晶 / 责任校对：胡小洁
责任印制：师艳茹 / 封面设计：有道文化

科学出版社
龍門書局 出版
北京东黄城根北街 16 号
邮政编码：100717
http://www.sciencep.com

北京中科印刷有限公司印刷

科学出版社发行　各地新华书店经销

*

2025 年 6 月第　一　版　开本：720×1000　1/16
2025 年 6 月第一次印刷　印张：12 1/4
字数：196 000

定价：98.00 元

（如有印装质量问题，我社负责调换）

“中国工程科技未来20年发展战略研究”

联合领导小组

组　长：李晓红　窦贤康

副组长：邓秀新　王希勤

成　员（以姓氏笔画为序）：

王　岩　王振海　王璞玥　卢春房　付雪峰

刘　克　刘作仪　杨俊林　张守攻　张　军

张伯礼　周守为　洪　微　费爱国　姚玉鹏

贺克斌　聂建国　倪培根　赖一楠　谭天伟

联合工作组

组　长：樊新岩　姚玉鹏

成　员（以姓氏笔画为序）：

丁养兵　于　璇　马守磊　孙　粒　陈冰玉

焦　栋

“中国工程科技2040发展战略丛书”

编　委　会

秘书组

组　长：黎青山　王崑声

副组长：马守磊　孙　粒　周晓纪

成　员（以姓氏笔画为序）：

王宏伟　付　强　刘宇飞　刘晓刚　刘盛志
许彦卿　孙　磊　孙胜凯　李欣欣　杨　毅
杨晓迎　杨富裕　沈　顺　张永伟　张国生
张铁煊　张增志　陈　涛　陈　磊　陈欣意
周　源　郑文江　胡承志　贾　怡　徐熙阳
高　丹　黄廷锋　隋秀峰　黎成权　薛晓娟
魏　畅

《中国工程科技2040发展战略·平安中国与社会治理领域报告》

编　委　会

总　　序

习近平总书记指出，“工程科技的每一次重大突破，都会催发社会生产力的深刻变革，都会推动人类文明迈向新的更高的台阶”。“中国工程科技未来 20 年发展战略研究”（以下简称“未来 20 年战略研究”）是中国工程院与国家自然科学基金委员会联合组织开展的工程科技中长期发展战略研究，是践行国家高端智库和思想库使命，围绕科技创新发展的全局和长远问题，强化科技战略咨询，引导全社会推进工程科技系统创新、引导我国科学家面向需求开展基础研究的重要抓手，自 2009 年迄今已开展三轮。当前，在中国迈入全面建成社会主义现代化强国的伟大征程这一历史节点，面向 2040 年开展未来 20 年战略研究，以人本视点、长远视角、全球视野谋划工程科技体系创新，对于发挥工程科技创新在中国式现代化伟大实践中的强大驱动和支撑作用，显得尤为重要。

一、明确战略导向，系统谋划工程科技体系创新，抢抓新一轮科技与产业革命的战略主动权

当前我们所处的时代，是一个正在孕育和推进巨大变革的时代。一是，新一轮科技革命和产业变革深入发展，新的“技术—经济”周期正在酝酿，科学研究不断突破人类认知边

界，技术创新进入前所未有的密集活跃期，自然科学与工程技术正在经历一场空前的大整合，前沿科技领域即将发生一系列重大群体性突破，数字化、网络化、智能化加快与各领域融合，科技和产业形态正在发生体系性变革，一系列颠覆性技术和前沿技术将催生新产业、新模式、新动能，加速形成新质生产力。二是，科技革命与大国博弈相互交织，世界各国竞相布局新领域新赛道，高技术领域成为国际竞争最前沿和主战场，全球科技创新版图将持续进行深度重构，正在并将更加深刻地重塑全球秩序和发展格局，我国建设科技强国的环境更加复杂、任务更加艰巨、挑战更加严峻。三是，中国经济社会进入现代化发展新阶段，质量变革、效率变革、动力变革成为现代化发展的核心主题，本质要求以科技创新引领产业创新，以科技现代化支撑高质量发展，以科技强促进产业强、经济强、国家强，全面推进中华民族伟大复兴。

由此可见，面对百年未有之大变局，科技创新的战略导向十分紧要，工程科技的战略选择至关重要。站在新的历史方位，我们必须把握历史主动和战略主动，作为工程科技思想库，我们更加有责任对工程科技在中国式现代化发展中的作用做出回答，并且要做出系统、科学的回答。通过集聚群智，超前谋划、系统研究，深刻认识、准确把握、主动适应当代科技创新大势，统筹研究与解决工程科技领域战略性、方向性、全局性重大问题，策源重大战略、推动重大攻关，力争在新一轮科技革命的浪潮之巅掌握主动权，为中国乃至全球创新发展贡献方案和智慧，以工程科技赋能传统产业转型升级、培育壮大新兴产业、前瞻布局未来产业，引领现代化产业体系建设，充分发挥工程科技战略对我国工程科技进步和经济社会发展的引领作用。

二、擘画发展愿景，面向全球性挑战和人类共同未来，科学描绘工程科技发展路线图

科技进步在以空前的力量和速度改变人类生产和生活方式，但科技发展的不确定风险也为本就充满变数的世界带来诸多挑战。世界进入大科学时代，工程与科学技术的综合集成加速了科技转化和工程运行节奏，数字智能、绿色低碳和以人为本，成为未来20年全球工程科技创新的最突出主题，人工智能技术成为新一轮科技革命的核心驱动力，可望推动人类迈向普惠型智能社会，绿色、低碳发展成为人类应对气候变化生存危机的最根本路径，工程科技对经济社会及环境等方面的影响不断加深，工程实践日益成为一个社会建构的过程，不仅将引发产业变革，且将在更大程度上引起社会整体性变革，推进人类社会进入崭新的未来世界。与此同时，科技发展本身的风险不容忽视，物理世界、虚拟世界以及人类社会的脆弱性日益凸显，人类发展面临前所未有的挑战，战略失策的风险增加。面向未来，技术方向、技术路线选择是否正确，将决定能否抓住颠覆性创新的窗口期、把控产业体系重构的正确方向、把握技术路径与产业发展主导权，能否有效提高国家科技资源配置效率、满足安全发展和应对全球性挑战的需求，以及是否符合科技伦理的要求和全球科技治理格局重塑的需要。

因此，在不确定不稳定大变局下，我们将怎样看待2040年的中国？怎样看待2040年的世界？怎样看待2040年的人类社会？面对这些前景、挑战和不确定性，我们更加强调以科学的方法开展前瞻战略研究，更加强调立足人与社会的长远发展愿景，以更好地增进人类福祉为目标开展科技发展路径选择，更加强调考量社会经济发展需求与工程科技发展的双向作用。为此，在中国工程科技2040发展战略研究（以下简称“2040战略研究”）中，我们创新提出了“愿景驱动的工程科技2040发展战略研究”方法体系，进一步突出需求和愿景驱动，充分发挥工程科技的实践性、创造性、带动性和选择性作用，以更好、更有效地创造和满足人类发展需求为出发点，将技术预见、工程科技发展可能性与经济社会发展需求紧密结合，强调对未来经济社会与科技融合发展的愿景的预见和预判，深度描绘未来发展蓝图，以期选择正确的发展方向，谋划科学高效的发展路径，提出合理可行的发展策略，追求新兴技术与社会发展的和谐统一，通过工程科技的系统性创新与工程实践，主动塑造更加理想的未来，推动人类社会可持续、安全和健康发展。

三、突出联合优势，推动基础研究与工程科技的互融共促，全链条筑牢高水平自立自强根基

基础研究是科技创新的源头和先导，是实现高水平科技自立自强的根基和前提。当前，科学研究范式发生深刻变革，基础研究、应用研究、试验发展呈现非线性链接、互融共促的新特征，基础研究转化周期明显缩短，基础研究与工

程科技的关系将更加密切。从科技革命发展的态势看，国际科技竞争不断向基础前沿前移，要抢抓科技革命发展机遇，必须从底层做起，推动原创性、颠覆性科技创新，实现基础研究与产业研发的底层耦合与深度联动、理论与技术的闭环反馈与快速迭代，为发展新质生产力开辟新领域新赛道，塑造新动能新优势。与此同时，我国当前产业体系和重大工程关键环节仍存在一些短板弱项，其中很大一部分是对基础理论和基础问题认识不清造成的，聚焦现代化经济体系建设要求、产业链和产业生态体系安全发展要求，迫切需要加强需求牵引、问题导向的基础研究部署。

因此，在 2040 战略研究中，我们把从工程科技发展需求中特别是从重大工程建设需求中提出基础研究问题作为研究重点之一，以充分发挥中国工程院汇聚一大批工程科技界大师的优势，加强工程科技界和基础研究界院士专家的交流互动，围绕工程科技需求共同凝练基础研究问题，提高工程创新中的系统工程思维在基础研究领域整体谋划布局中的作用，强化基于国家战略需求的重大科学问题前瞻布局，促进基础研究与应用研究、成果转化融通发展，进而牵引和拓宽基础科学发展空间。同时，充分发挥国家自然科学基金委员会覆盖自然科学全领域的专家资源优势，加强重大任务和重大科技项目的凝练。这样，既能选择、引导、带动基础研究，又能推动工程科技创新与产业变革，为实现高水平科技自立自强、推动经济社会发展、建设现代化强国做出更大贡献。

总之，2040 战略研究具有工程科技与经济社会发展结合紧、从基础研究到重大工程链条全、工程科技覆盖体系强、路线图研究积累深等特点，研究过程中，坚持以院士为核心、以专家为骨干，强调发挥战略科学家的作用，注重吸纳优秀中青年专家参加，动员了各领域近 300 位院士以及近 900 位专家，并通过技术预见调查等方式，吸收 5000 多位专家的意见，强化研究的开放性，充分凝聚各界智慧。在本套丛书即将付梓之际，我们谨对参与和指导项目研究的领导、院士、专家表示诚挚的感谢。

“中国工程科技 2040 发展战略丛书”包含 1 部综合报告，1 部技术预见报告，11 部领域战略研究报告，以及 1 部《需求导向的基础研究导论》，力图通过较为系统、全面的战略研究和成果传播，在支撑国家战略规划和决策的同时，为社会各界了解工程科技发展态势、开展技术方向选择等提供指引，为各有关方面规划研究编制提供参考，推动社会各界共同推进工程科技创新，共同迎接和创造新的未来。

展望未来，中国工程院和国家自然科学基金委员会将继续鼎力合作，将未来 20 年战略研究作为长期任务加以推进，以期通过持续研究，不断提高研究的战略性、科学性与实践性，更好地引领工程科技创新，聚力推动社会主义现代化强国建设。

“中国工程科技未来 20 年发展战略研究”

联合领导小组

2025 年 2 月

前　　言

受全球气候变化、新冠感染等新发传染病、城市及城市群快速发展等自然和经济社会因素耦合影响，我国自然灾害、事故灾难、公共卫生、社会安全等方面的公共安全形势严峻复杂。在中华民族伟大复兴的战略全局和世界百年未有之大变局同步交织、相互激荡的背景下，我国面临诸多问题和矛盾叠加的复杂局面，传统安全和非传统安全挑战增多。建设更高水平的平安中国、加强和创新社会治理是国家的重大战略需求。党的十九届五中全会明确提出，“统筹发展和安全，建设更高水平的平安中国”，“加强和创新社会治理”。党的二十大报告将“平安中国建设迈向更高水平”作为新时代十年党和国家事业取得历史性成就、发生历史性变革的重要方面，把“平安中国建设扎实推进”确定为未来五年主要目标任务的重要内容。

本书在“中国工程科技2040发展战略研究”项目的支持下完成。我国平安中国与社会治理领域的十余位院士和百余位专家学者参与该项目“平安中国与社会治理跨领域专项”的研究，直接或间接地为本书的成稿作出贡献。

本书的第一章介绍公共安全领域世界工程科技发展大趋势、大方向，系统分析工程科技发展对未来产业和社会形态的影响。第二章展望2040年平安中国与社会治理领域经济社会和科技发展的愿景及需求、面临的问题与发展趋势。第三章介绍平安中国与社会治理领域工程科技技术预见和发展能力，公共安全、社会治理及相关领域的几百位专家参与了问卷调查，形成了一批面向未来发展的重要技术、共性技术、颠覆性技术等技术清单，以及梳理了我国工程科技体系能力水平与世界先进水平的差距、关键短板、薄弱环节等。第四章讨论平安中国与社会治理领域的科技发展战略构想，包括 2030 年和 2040 年的总体架构和战略目标。第五章和第六章介绍平安中国与社会治理领域工程科技重点任务和发展路径以及两项重大工程建议（国家公共安全强韧工程和城市安全重大风险预报预警工程）。第七章介绍平安中国与社会治理领域重大工程科技项目建议。第八章提出平安中国与社会治理领域的基础研究方向建议。第九章提出相关推进措施和政策建议。

本书由“中国工程科技 2040 发展战略研究”项目“平安中国与社会治理跨领域专项”的负责人，即清华大学公共安全研究院范维澄院士和北京理工大学张军院士统筹协调，公共安全、社会治理及相关领域的众多专家学者共同参与，项目研究报告总执笔和统稿人为清华大学公共安全研究院陈涛研究员，感谢众多专家学者在项目研究和本书撰稿过程中所做出的贡献。

感谢中国工程院和国家自然科学基金委员会对本书的支持！

书中或有不妥之处，恳请广大读者批评指正。

《中国工程科技 2040 发展战略 ·
平安中国与社会治理领域报告》编委会

2025 年 2 月

目　　录

第一章　面向2040年公共安全领域世界工程科技发展态势

第一节　工程科技发展状况与国际先进水平

一、世界各国正在开展的重大科技计划及其预期成果

受全球气候变化、新冠疫情大流行、世界工业化发展不均衡等影响，各类重大灾害事故和安全危机成为全球关注的焦点问题。应对自然灾害、防范灾难事故、构建韧性城市、全面提高应急能力、构建公共安全网络等成为各国的重要国家战略。尤其是发达国家，持续在灾害机理研究、地球观测和灾害监测、智慧应急、城市和社会韧性、疫情危机防控等领域进行科技创新的部署，以提高全过程风险防范、监测预警、处置救援、恢复重建等应急管理能力与精细化水平。

（一）美国

美国是公共安全科技发展领先地之一，已建立较为完善的应急科技支撑体系。美国以国家安全技术为发展战略，以发展与演进新一轮科技革命推进下的“数字时代”为发展目标，重点发展灾害应急策略、火灾爆炸超前预警、韧性城市设计与智能防控、先进新材料设计应用、雷达遥感监测一体化、应急通信新兴技术等，推动科研成果在实践中发挥最大效能，实现重大灾害事故防范、控制、推演和智能应急救援领域一体化、网络化、自动化。美国科技企业巨头，如英特尔公司（Intel Corporation，Intel）、国际商业机器公司（International Business Machines Corporation，IBM）、思科系统公司（Cisco Systems, Inc.，

Cisco）、通用电气公司（General Electric Company，GE）等，不断加大在智能化安全生产、安全控制和监测、仿真技术、生产设备和工具等领域的投入。

美国已形成由国家科学技术委员会（National Science and Technology Council，NSTC）统筹、国土安全部（Department of Homeland Security，DHS）制定规划、联邦应急管理局（Federal Emergency Management Agency，FEMA）具体实施的应急管理科技体系。美国的应急管理工作注重风险外延、全面应急以及全过程应急管理，积极推动全社会共同参与、技术驱动的减灾风险管理，使科研成果在实践中发挥最大效能。

2021 年 9 月，美国发布了针对新冠疫情大流行的报告《美国大流行病准备工作：改革我们的能力》（American Pandemic Preparedness：Transforming Our Capabilities，AP3）。该报告提出在未来十年投资 653 亿美元，以改善疫苗、治疗药物以及公共卫生基础设施，提高国家的实时监测能力，并对个人防护设备进行升级。该报告提出五个关键支柱：一是通过大幅完善医疗对策，包括疫苗、疗法和诊断法，巩固医疗防线；二是提升对传染病威胁的态势感知，以进行早期预警和实时监测；三是强化美国和国际范围内的公共卫生系统，包括劳动力支持、培训和发展，以应对紧急情况，并特别注重保护最脆弱的社区；四是构建核心能力，包括创新个人防护设备，恢复和扩大设备库存，建立有弹性的供应链，加速生物安全和生物安保的创新，提高监管能力并加速全球及国内临床试验网络的扩展；五是以严肃的目的、承诺和责任感来管理任务。

国家安全委员会在突发事件应急管理中主要承担跨部门协调与战略决策支持功能，该委员会的联合主席分别来自国土安全部和国防部。国土安全部科学与技术理事会将应急管理相关研究分为七大类，分别是边境安全、化学生物和爆炸防御、反恐、网络安全、第一响应者/社区和基础设施韧性、物理安全和关键基础设施韧性，以及新冠病毒应对的科技支撑（表 1-1）。

表 1-1　国土安全部应急管理研究类别划分及关注重点

类别	研究关注重点
边境安全	空中、陆地和入境口岸（port of entry，POE）安全，生物识别和身份管理，反无人机系统（C-UAS），法证及刑事调查，移民服务，海上安全
化学生物和爆炸防御	化学生物（chemical biology，CB）检测，检测犬，阿片类药物/芬太尼检测
反恐	爆炸物威胁评估，国家威胁、危害和风险的概率分析（probabilistic analysis for national threats hazards and risks，PANTHR）
网络安全	网络数据分析，机器学习，人工智能（artificial intelligence，AI），恶意软件分析，软件保证，流动性
第一响应者/社区和基础设施韧性	第一响应者能力，社区和基础设施韧性
物理安全和关键基础设施韧性	行李/货物/人筛选，关键基础设施安全和弹性研究（critical infrastructure security and resilience research，CISRR）项目，物理安全，公共安全和暴力预防
新冠病毒应对的科技支撑	疫苗的支持，保护旅行者和美国公众，保护国土安全部工作人员，谣言控制

2021 年 1 月 25 日，国土安全部科学与技术理事会发布《科技局 2021 战略计划》（Science and Technology Directorate Strategic Plan 2021）。该战略计划以国土安全部战略为基础，同时考虑新冠病毒大流行以及国家对协调一致和灵活机动的需求，分析了不断变化的威胁形势，将当前和预计的国土安全威胁分为四大类：政治和作战能力增强、新兴和两用技术、武器能力进步和扩散、全球危机事件和人口变化（表 1-2）。

表 1-2　国土安全威胁

类型	内容
政治和作战能力增强	他国对美国政治和民意的影响；恐怖主义；跨国犯罪组织和毒品恐怖主义；信息战
新兴和两用技术	人工智能；量子信息科学；纳米技术；自主和无人驾驶；生物技术；物联网
武器能力进步和扩散	大规模杀伤性武器；电子战和全球定位系统（global positioning system，GPS）威胁；向恐怖分子和犯罪组织扩散先进武器；情报、监视、侦察（intelligence，surveillance，reconnaissance，ISR）战术扩散；网络（国家支持、恐怖主义、犯罪/经济社会影响）
全球危机事件和人口变化	传染病和疫情事件；食品、农业和兽医；气候变化；自然灾害（地震、飓风、洪水、火灾）；大规模移民事件（国内/国际）

该战略计划着眼于五个科技任务领域：防止恐怖主义和加强安全、保护和管理边界、执行和管理移民、保障网络安全和确保抗灾能力。同时，该战略确定了六个安全战略目标：反恐和排除国土安全威胁、确保美国边境和主权安全、确保网络空间和关键基础设施安全、保护和维护国家的繁荣和经济安全、加强备灾和抗灾能力以及加强国土安全部员工队伍建设（表1-3）。

表1-3 《2021科技战略计划》安全战略目标及主要任务

战略目标	主要任务
反恐和排除国土安全威胁	提高收集和理解可采取行动的情报的能力，发现、管理和瓦解来自恐怖分子、民族国家和其他威胁行为者的国土安全威胁，保护美国境内的关键人员、事件、软目标和人员密集场所，应对其他新出现的威胁
确保美国边境和主权安全	促进对美国空中、陆地和海上边界的全面行动控制，以防止非法入境和非法活动；侦察、威慑、阻止和瓦解跨国有组织犯罪；执行移民法和促进合法移民
确保网络空间和关键基础设施安全	确保网络空间和关键基础设施的安全，以保障联邦民用网络免受攻击；增强关键基础设施的安全性和弹性；评估和应对不断变化的风险；打击网络犯罪
保护和维护国家的繁荣和经济安全	促进合法贸易和旅行，同时开发工具以协助瓦解犯罪分子利用该系统的行为；通过保护美国运输系统、海上航道和资源来保护美国公众和机构；保护美国金融系统免受恐怖袭击和犯罪分子的侵害
加强备灾和抗灾能力	通过对应急措施的规划和投资，帮助地方建立和提高韧性；通过为社区恢复提供指导、工具、设备、资源和支持，使其能够在事故期间做出反应；培训和演练第一反应人员，以应对持续和新出现的威胁和危险
加强国土安全部员工队伍建设	增加国土安全部部门和功能的集成；加强部门治理和管理；发展和保持一支高绩效的员工队伍；推进基于风险的决策；优化对特派团行动的支持；在美国人民面前提高透明度和责任感

美国联邦应急管理局发布的《2022—2026年美国联邦应急管理局战略计划》提出应急管理领域的三大目标：将公平作为应急管理的基础、在推动社区提升气候适应能力方面发挥引领作用、致力于促进并维持国家整体应急准备状态。这些目标体现了美国联邦应急管理局的核心价值观、重点关注领域以及工作重心等，该计划同时提出了实现这些目标的构思与设想。

（二）欧盟

欧盟作为融合程度颇高的政治、经济一体化实体，在安全科技发展方面尤为注重整体安全的维护。面向未来的安全环境，为建立强大的欧洲安全生态系统，欧盟向先进监测感知等智能化、信息化方向迈进。2020 年 7 月，欧盟发布的《欧盟安全联盟战略（2020—2025）》，从战略重点上强调了四项战略优先行动，分别是：建立永不过时的安全环境、应对不断变化的威胁、保障欧洲民众免受恐怖主义和有组织犯罪的袭击。《欧盟安全联盟战略（2020—2025）》对欧盟成员国、欧洲内部的安全治理以及欧洲数字单一市场起到重要的推动作用。2021 年 3 月，欧盟委员会（European Commission，EC）通过预算为 955 亿欧元的欧盟研发与创新框架——“地平线欧洲”（Horizon Europe）计划的第一个战略计划，其中包括创建一个更具韧性的欧洲社会，以及为威胁和灾难做好准备并做出反应。2022 年 7 月，欧盟委员会通过了最新的《欧洲创新议程》，深入分析了欧盟目前安全领域出现的问题，力争采取措施以保证欧洲处于新一轮深度技术创新和创业的最前沿。欧洲与公共安全相关的重大科技计划可分为欧盟级和国家级两种。欧盟级重大科技计划主要在每 5—6 年为一期的欧盟总体科研与创新框架计划的资助下执行，而国家级重大科技计划一般是针对国家特定需求来组织布局的。

欧盟为更好地应对自然与人为灾害、健康威胁、传染病、工业危机、核危机、农业危机等挑战和威胁，有效降低其对欧盟经济社会的影响，实施了推进区域风险管理一体化的战略。欧盟把完善风险控制机制作为推进区域风险管理一体化的重要基石，共同的民防机制已经成为欧盟开展区域风险控制的重要载体。欧盟制定了《关于国家风险评估与风险图编制的指引》，把现有的欧盟法律和规范都考虑在内，既包括欧洲洪水风险指令、欧洲关键基础设施的保护指令、重大意外灾害的塞维索指令（Seveso Directive）等，也包括一系列的欧洲规范，如欧洲规范中制定的地震危害性标准、欧盟理事会关于欧盟内部防范森林火灾的决议等内容。欧盟组织开发了基于卫星通信的网络基础架构（e-Risk 系统）。该系统以卫星宽带传输技术为基础，可以协助成员国开展涉及洪水、海啸、地震、火灾、核泄漏、恐怖事件等各类风险的监测和信息分析。为了分析气候变化对不同灾害类型的影响，欧盟正在组织开发一种能够在更长的时间跨度内应用并对广泛的趋势或正在发生的风险进行识别的工具。

“地平线欧洲”计划有三个主要支柱，与公共安全相关的规划内容主要在支柱二“全球挑战和欧洲工业竞争力”中。在健康方面，该计划强调通过知识创新、创新解决办法和酌情纳入性别因素来预防、诊断、监测、治疗和治愈疾病，从而改善和保护全民健康。该计划具体的目标包括发展卫生技术、减轻健康风险、保护人口以及促进公民健康，旨在使公共卫生系统更具成本效益、公平性和可持续性，预防和解决与贫困有关的疾病，支持并使患者能够参与和自我管理。在社会的民事安全方面，该计划主要应对持续存在的安全威胁（包括网络犯罪）以及自然和人为灾害带来的挑战，包括打击犯罪和恐怖主义，建设可进行安全和信息认证的韧性基础设施网络，实施针对地震、火山爆发、海啸等地质灾害以及大流行传染病等极端事件的应对措施。欧盟任务（EU Missions）是 2021—2027 年“地平线欧洲”计划和创新计划的一项新内容，提出了“碳中和”和“智能化城市”等两个适应气候变化的任务，并力图在 2030 年之前取得突破。

除了欧盟层面，欧洲各国在国家层面也根据自身灾害特点，推动科技创新。英国将灾害应急管理作为国家能力建设的重点，高度重视自然环境和气候危机相关研究，特别是在国家层面上加大对灾害监测和早期预警科技手段和能力的投入。2021 年，英国环境部推出洪水水文规划项目，结合水文模型和机器学习技术，设计防洪系统、评估洪水风险、制定预警方案、维护排水系统，考虑气候变化对未来洪水风险的影响，为未来 25 年洪水水文学发展提出愿景，提升英国应对洪水的韧性。2022 年 3 月，英国国家科研与创新署（UK Research and Innovation，UKRI）发布 2022—2027 年科创战略报告《共同改变明天》（Transforming Tomorrow Together），其中第五个战略目标“应对重大国家和全球挑战”强调“建设绿色未来”，提出需发挥跨学科、跨部门、跨国家和国际研究和创新优势，从根本上改变应对全球气候危机的方式。

法国的公共安全相关研究主要关注工业安全与环境问题。2021年，法国国家工业环境与风险研究院作为国家级安全研究机构，启动了“用于大型生态系统复制的氢气中试储存”（Hydrogen Pilot Storage for Large Ecosystem Replication，HyPSTER）项目，涵盖生产、储存和使用氢气等安全技术。2024 年 10 月该项目正式迈入运营阶段。2022 年 4 月，国家工业环境与风险研究院针对减少大气污染物排放以促进健康的目标，研究污染引起的新型风险、空气质量与气候综合管理体系，开发应用 Chimere 模型监测、预测以及发布欧洲的每日空气质量地图。

德国在公共安全科技方面的研究主要涉及工业安全、化学品管理和应急处理，以及标准制定等。西门子、巴斯夫等公司在安全生产领域开发了各种安全设施和技术。西门子的工业网络安全技术包括工业自动化系统的网络安全、信号组态和可靠性管理等，能够帮助企业保障重要数据的安全性和机器的稳定性。巴斯夫的安全生产标准模型则是基于自身安全生产经验积累建立的，可以帮助其他企业提高安全生产水平。

（三）日本

日本将国家安全保障作为首要战略，建立安全风险评估机制，加强安全领域的信息收集和分析能力，实现定量化、标准化、模型化事故机理、危险辨识和预测预警。日本设立国家安全保障会议，制定国家安全保障战略以及国家防卫计划大纲，将多灾前兆预测、多灾耦合演化与应急科学、安全保障技术体系建设、全尺度多灾害虚拟仿真、多强度灾害动力学理论、国家预警系统建设作为重点。自然与社会所表现出的双重脆弱性，使日本政府不断寻求解决之道。

2020 年 6 月，为了应对气候灾害频发和复合型灾害增加带来的挑战，日本政府公布了《气候危机时代的“气候变动与防灾”战略》，提出在全球应对气候变化与防灾战略的主流格局中制定日本方案，融合了《巴黎协定》《2015—2030年仙台减少灾害风险框架》，以及联合国可持续发展目标的相关内容，进行了三位一体的综合设计。日本政府将地震、暴雨、洪水、干旱以及海平面上升等问题的应对作为其防灾减灾工作的重点。

2021年3月，日本内阁会议审议通过了《第六期科学技术与创新基本计划（2021—2025年）》，提出“社会5.0”历年，其具体图景被阐述为“确保国民安全与安心的可持续发展的强韧社会”和“实现人人多元幸福的社会”，将安全列为第一大支柱，强调打造可持续的强韧性社会，切实保障国民的安全与安心。该计划把科技创新视作应对安全威胁的有力举措，将其应用于应对全球传染病大规模流行、日益频发的严重自然灾害等方面。

日本提出“基于生态系统的防灾减灾”（ecosystem-based disaster risk reduction，Eco-DRR）框架，其核心理念在于避免灾害脆弱性的暴露及减少脆弱性的生成。一方面，在制定防灾减灾政策时，根据不同地区的生态特征因地制宜，令生态脆弱地带发挥灾害缓冲区作用，从而避免灾害形成或降低损失。另一方面，要保持生态系统的健康，让它能够为社会提供粮食和其他维持生命系统有效运转的资源，带动绿色经济发展，降低社会脆弱性。这种以顺应自然规律为核心的防灾减灾构想，在保护生物多样性及发挥生态系统机能的同时，可以在各生态圈层建设应对灾害的多维立体韧性空间，一定程度上能够解决灾害发生时间和地点的不确定性问题。

这些政府层面科技发展规划的实施，为日本的相关应急科技研究机构提供了强有力的资金和政策支持，推动了日本应急科技的持续发展。日本诸多科研机构在相关领域处于国际一流水平，像防灾科学技术研究所、东京大学地震研究所、京都大学防灾研究所等，皆是世界知名的应急科技研究机构。例如，防灾科学技术研究所建有多个多灾种耦合的实验装置，重点研究地震、火山、水土砂、冰雪灾害等耦合机理；京都大学防灾研究所建有供研究使用的城市水害模拟实验装置和大型降雨模拟实验装置等。这些科研机构在灾害管理理论研究，地震灾害应急管理和应对策略研究，风、水灾害应急管理和应对策略研究，火山灾害应急管理和应对策略研究，雪灾应急管理和应对策略研究，火灾应急管理和应对策略研究，危险物品灾害应急管理和应对策略研究等方面都有非常多的研究成果积累。在企业方面，松下电器、本田等公司开发了各种电子设备和智能化装置以提高安全生产水平。其中，以松下电器为行业领先，其研发的气体检测设备、地震预警设备和智能安全体感技术等也帮助其他企业实现了安全生产。

（四）中国

2018 年以来，围绕强化科技创新在安全领域的应用，我国出台了一系列文件（表 1-4）。党的二十大报告首次以专章对维护国家安全和社会稳定进行安排，将国家安全提高到前所未有的高度。党的二十大报告明确要求："建设更高水平的平安中国，以新安全格局保障新发展格局。"公共安全与社会治理是国家安全的重要组成部分，平安中国建设是维护国家安全与社会稳定的实践行动，也是创新社会治理的"中国方案"。中央全面深化改革委员会第十次会议上明确提出"推动平安中国建设，要充分发挥科技创新支撑引领作用"，"加强基础研究、关键技术研究、专用装备和应用示范研究，深化智能化建设，增强社会治理能力"。围绕这些目标，我国在公共安全与社会治理领域开展了一系列重大科技计划，不断夯实国家安全和社会稳定基层基础，取得一定成效。

表 1-4　国家出台有关强化科技创新在安全领域应用的文件

时间	文件名称	主要内容
2018 年 1 月 7 日	《关于推进城市安全发展的意见》	强化安全科技创新和应用。加大城市安全运行设施资金投入，积极推广先进生产工艺和安全技术，提高安全自动监测和防控能力

续表

时间	文件名称	主要内容
2018年2月24日	《国务院安委会2018年工作要点》	加快建设安全生产和职业健康信息化全国“一张图”以及矿山、危险化学品风险预警与防控系统，加强安全生产信息化、数字化、智能化建设。加强安全科技支撑能力建设，加快安全生产关键技术装备研发攻关和转化使用，支持建设国家安全生产技术创新中心
2019年11月8日	《国家安全发展示范城市评价与管理办法》	强化安全科技创新应用，建立城市应急管理信息平台
2020年9月14日	《国家安全发展示范城市建设指导手册》	建立城市安全风险管理信息平台，直观展示城市各类风险四色分布规律，呈现动态安全风险信息
2020年12月28日	《国务院安全生产委员会成员单位安全生产工作任务分工》	要求发展和改革委员会研究安排信息化建设、技术支撑体系、应急救援体系建设和隐患治理等所需中央预算内投资；要求科技部将安全生产科技进步纳入科技发展规划和中央财政科技计划（专项、基金等）并组织实施
2022年7月21日	《“十四五”全国道路交通安全规划》	科技赋能，智慧治理。坚持科技驱动，以支撑实战为牵引，探索研发新技术新方法，巩固深化先进装备应用，让科技为交通安全赋能。推动新兴科技与交通安全工作深度融合，运用前沿技术助力交通安全管理理念、管理手段、管理模式创新，提升交通安全治理现代化、信息化、智慧化水平

科技部《“十三五”公共安全科技创新专项规划》面向公共安全保障的国家重大战略需求，重点围绕公共安全关键科技瓶颈问题开展基础研究、技术攻关和应用示范，使我国社会安全监测预警与控制、生产安全保障与重大事故防控、国家重大基础设施安全保障、城镇公共安全风险防控与治理、公正司法与司法为民、国家公共安全综合保障总体技术水平由跟跑向并跑迈进，大部分技术进入国际先进行列。

2022年4月，《“十四五”国家安全生产规划》中明确提到要强化科技创新引领，优先发展信息化、智能化、无人化的安全生产风险监测预警装备，重点提升安全生产危险工艺设备的机械化自动化水平，着力破解重大安全风险的超前预测、动态监测、主动预警等关键技术瓶颈。同时，明确要推进安全信息化建设，拓展和深化安全生产数字化应用场景。

国务院在《“十四五”国家应急体系规划》（2021年）中对科技创

新成果如何更好匹配应急需求提出了明确目标：①科技信息化水平和综合保障能力大幅提升，到2035年，建立与基本实现现代化相适应的中国特色大国应急体系，全面实现依法应急、科学应急、智慧应急，形成共建共治共享的应急管理新格局。②应急管理科技信息化水平明显提高，"一带一路"自然灾害防治和应急管理国际合作机制逐步完善。③加强自主创新和"卡脖子"技术攻关。实施重大灾害事故防治、重大基础设施防灾风险评估等国家科技计划项目，制定国家重大应急关键技术攻关指南，加快主动预防型安全技术研究。④搭建科技创新平台。以国家级实验室建设为引领，加快健全主动保障型安全技术支撑体系，完善应急管理科技配套支撑链条。整合优化应急领域相关共性技术平台，推动科技创新资源开放共享，统筹布局应急科技支撑平台，新增具备中试以上条件的灾害事故科技支撑基地10个以上。

科技部与应急管理部联合印发的《"十四五"公共安全与防灾减灾科技创新专项规划》中，明确了技术装备、示范基地两个重点任务：①研发技术装备，补短板强弱项。强化云计算、大数据、物联网、工业互联网、人工智能等数字技术在重大灾害事故监测预警和应急救援技术装备研发中的创新应用，重点研发重大自然灾害监测预警与风险防控、安全生产风险监测预警与事故防控以及应急救援等关键核心技术装备，着力提升重大自然灾害、安全生产风险的主动应对能力。②强化示范应用，推进成果转化。推动实施科技成果示范，优先支持国家科技计划项目成果的深度开发与转化应用，加快科技成果在国家可持续发展议程创新示范区、国家安全应急产业示范基地落地实施与示范推广。充分发挥创新联合体和产业技术创新联盟作用，促进安全应急装备工程化应用和产业化，培育发展监测预警、自动化协同、处置救援、应急服务等安全应急产业。

中央网络安全和信息化委员会印发的《"十四五"国家信息化规划》提出，加快数字化发展、建设数字中国，是顺应新发展阶段形势变化、抢抓信息革命机遇、构筑国家竞争新优势、加快建成社会主义现代化强国的内在要求，是贯彻新发展理念、推动高质量发展的战略举措，是推动构建新发展格局、建设现代化经济体系的必由之路，是培育新发展动能，激发新发展活力，弥合数字鸿沟，加快推进国家治理体系和治理能力现代化，促进人的全面发展和社会全面进步的必然选择。

面对公共安全复杂严峻形势，我国公共安全科技创新仍然存在一些短板和弱项，主要体现在：针对新型安全和巨灾重灾的基础科学理论缺失；多灾种耦合、多尺度演化的次生衍生灾害事故机理不清；城市和国家重大基础设施监测预警和安全强韧技术薄弱；公共安全装备基础部件以及全过程全链条综合应急救援通用装备、系统和平台自给率较低；国家级体系化的安全重大工程数量较少、项目扶持资金投入规模较小等。综上，我国公共安全科技支撑能力，与推进国家安全体系和能力现代化所需相比，仍有较大的提升空间。

二、工程科技发展状况与国际先进水平

由于全球信息的高度互联性与风险的高度流动性，安全问题日趋复杂化，安全风险也日益呈现系统化的特征。一方面表现为随着风险源不断增加，安全的内涵和外延空前丰富，时空跨度空前宽广；另一方面则表现为各类安全风险以一种前所未有的系统方式联动叠加。因此发达国家不断加强安全科技创新能力建设，不断完善公共安全与社会治理科技体系。

（一）自然灾害防御子领域

1. 自然灾害监测预警

美国建立了国家自然灾害信息网，开发了不同类型的灾害识别专家系统，并结合地理信息系统（geographic information system，GIS）技术开发了决策支持系统。德国借助全球定位系统构建起在线位移监控和预警系统，实现了对自然灾害的高精度监测，能够进行早期预测

与预警。日本建立了全国范围的自然灾害监测预警和灾害信息管理系统。我国在单灾种自然灾害的预测预报技术方面的发展与发达国家水平相当，在山洪、泥石流、滑坡、海洋灾害等领域均有成熟技术应用，但在多灾种自然灾害耦合分析方面仍处于试验阶段。发达国家（组织）在不同类型的自然灾害监测预警方面取得的进展和发展状况如下。

（1）气象灾害监测预警

美国在技术研究方面体系相对成熟和完善，其完善的数值预报系统为气象灾害监测预警提供技术支撑，集合预报产品在实际业务运作中发挥着关键作用，预报产品由确定性预报向概率预报转变。此外，美国一直致力于构建从空间到海洋的无缝隙预报业务体系，不断改进各预报业务间的协同性，尤其通过深入运用集合预报技术，进一步提升极端事件预报的精确度；运用交叉学科建模方法，进一步拓展业务职能范围，涉及从观测、资料同化、模拟到服务等全过程。

（2）地质灾害监测预警

美国、意大利、韩国等制定本国特色的地质灾害预警方案。美国注重基础研究、评估和预警；意大利加强功能中心预警和应急能力建设；韩国建立密集的监测网。针对海岸带的主要地质灾害，美国和欧盟等发达经济体制定了长期计划，如美国 8 年调查一次，欧盟建立海岸数据库并定期更新。

（3）地震灾害监测预警

地震引发的次生灾害（如海啸、地面塌陷、堰塞湖等）具有很强的不可预见性，目前地震预报在全世界范围内仍处于探索阶段，人类尚未从科学上真正地掌握地震的孕育过程及发生规律。在地震等巨灾场景的后果模拟与预测、情景分析与应急准备方面，对于灾害机理、后果模拟和城市系统致灾复杂性的科技需求愈发强烈。

（4）海洋灾害监测预警

海洋灾害预报强调不确定性评估，应用集合预报和概率预报方法预测海浪、台风风暴潮、搜救等情况。世界气象组织（World Meteorological

Organization，WMO）和全球海洋资料同化试验（Global Ocean Data Assimilation Experiment，GODAE）设有评估组，交叉对比和实时评估加入计划的海洋预报方法和结果，了解不同系统的性能。美国、欧盟等发达经济体针对海岸带主要灾害建立长期周期计划。欧盟维护海岸侵蚀、海水入侵数据库并定期更新。

2. 防灾减灾

美国国家天气局（National Weather Service，NWS）负责监测和处理各种气象灾害，并通过 121 个气象台按照属地责任原则发布相关预警。美国建立了完备的气象灾害预警预报体系，包括防灾法律体系、专用警报系统和洪水预警系统。利用地球气象卫星和资源卫星的遥感（remote sensing，RS）技术，美国实现了现代化的气象灾害监测，可通过广播电台向全国范围发送灾害性天气预警信息。美国国家海洋和大气管理局（National Oceanic and Atmospheric Administration，NOAA）的国家强风暴实验室（National Severe Storms Laboratory，NSSL）具备世界一流的灾害性天气调查和研究能力；预报系统实验室（Forecasting System Laboratory，FSL）通过超级计算机和先进技术改进短期天气预报和预警系统。此外，美国注重宣传教育，通过建立约 700 个相关网站和鼓励全社会参与气象防灾减灾活动来提高公众意识。

美国将防灾减灾纳入城市总体规划，采取多项措施应对自然灾害。针对洪水，美国通过采取区域管理规划、预警技术和排水系统维护等准备措施提高防御能力。美国地质调查局（United States Geological Survey，USGS）制定滑坡减灾战略，具体举措包括：建立数学模型、利用遥感和全球定位系统等技术实时监测与预警，以及使用雷达和激光测高技术监测滑坡活动。纽约完善智能化基础设施和公共服务，构建韧性城市以应对自然灾害和其他威胁，目标是到 2050 年能够应对类似飓风“桑迪”等重大灾害。

日本基于“韧性日本”战略，重点推进防灾减灾科技创新，建立完备的防灾应急系统，全天候监测、收集环境信息，应对地震、海啸、气象灾害及次生事故。代表性科技应用包括：东日本铁路公司的地震预警系统，日本国立地球科学和防灾研究所的海底地震和海啸观测网，宇宙航空研究开发机构用于改进天气模型的降水雷达。

美国、日本、加拿大、澳大利亚、欧盟等在地质灾害风险评估和预防技术方面领先。美国地质调查局提供多概率（50 年 10%、5%和 2%）和多谱值（峰值、周期 0.2 s 和 1 s）的全国地震危险图。美国联邦应急管理局持续多年开发了多灾种风险评估系统（HAZUS-MH），以评估飓风、洪水和地震等灾害危险源及其危险性，包括结构破坏、生命和经济损失评估。这些经济体已进入地质灾害评估的中试或产业化阶段，相关技术在全球得到广泛应用。

美国、欧盟、日本等在流域洪水预报调度与预警技术方面领先，采用成熟的水文水力学模型、分布式水文模型、河道断面测量和卫星遥感监测等技术。我国引进了先进技术，建设水雨情信息采集系统，但流域洪水监测预报精度有待提高。

发达国家在国家森林火险、火蔓延模型和系统方面研究充分，如美国国家火险等级系统（National Fire Danger Rating System，NFDRS）、加拿大森林火险等级系统（The Canadian Forest Fire Danger Rating System，CFFDRS）、澳大利亚 McArthur 模型等。美国开发了 BehavePlus、CONSUME、FARSITE 等软件，重视可燃物调控技术和森林可燃物分类系统。美国发布了国家森林城镇交界域防火规划（National Wildland Urban Interface Fire Program）和国家火灾计划（National Fire Plan），研究降低森林城镇交界域火灾发生风险的有效方案。欧盟的火焰星计划（FIRESTAR）专注于地中海地区城镇森林交界域的火灾控制。我国在林火、森林城镇交界域火灾方面的研究不够深入，尚未建立像美国、加拿大那样的森林火险等级系统，缺乏全国尺度的可燃物参数模型。

3. 小结

自然灾害一直是制约国家发展、关系人类生命财产安全和国家安全的大事，防灾减灾是世界各国共同面对的重大问题，必须加强重大自然灾害风险防控和应急处置科技创新能力建设。与欧盟、美国、日本等相比，我国重大灾害防治研究与技术装备研发起步较晚，受其他领域发展的限制，我国在防灾减灾救灾仪器装备和产业化方面相对滞后，存在明显的科技瓶颈与短板。迫切需要通过科技创新提升在重大灾害风险防控理论、高精度感知识别、定量评估预测、精细化预报预警、精准防控治理、高效救援处置与风险综合管理等方面的能力，减少自然灾害带来的损失，最大程度地保障人民群众生命安全、生态良好、生产安全和生活富裕。

（二）事故灾难防范子领域

事故灾难防范是全球面临的重要问题。随着全球城市化和工业化快速发展，各国的安全生产面临压力。随着经济社会的持续发展，我国对能源、矿产、化工原料等的需求不断增加，矿山开采力度加大、化工园区数量增多、城市地下管网日益复杂，导致灾害耦合风险随之增加，事故灾难的防控工作面临更多挑战。

国际组织和发达国家高度重视重大灾害事故的风险防控和应急处置科技创新能力建设。国际科学理事会启动了《灾害风险综合研究科学计划》。美国、欧盟、日本等取得领先优势，引领事故灾难防控科技发展。我国应积极加强科技创新，加强基础理论研究、关键技术研发和核心装备研制，提升事故灾难防控能力，确保安全生产。

1. 矿山事故预警防控与应急救援

国际上普遍致力于高效、安全的矿山开采，不断提升机械化、自动化和智能化水平来防控风险。南非、俄罗斯等广泛应用主动式隔抑爆装置技术预防瓦斯煤尘爆炸。国外在煤矿突水和灾变时的智能注浆、通信定位和救援技术方面更先进，具备高度的智能化、精确性和快速（一般约1小时）响应能力。相比之下，我国在临时注浆系统、致灾地质构造探测等方面存在不足。国外已实现多维度井上下、主被动实时监测预警，而我国在隐蔽灾害探测方面仍需要提升精度和实时性。国外的透地通信技术能穿透不同岩性地层达到300米，而我国的技术目前仅限于穿透同岩性地层。国际上已研制大口径车载钻机和150吨车载钻机，用于地面到井下的联合应急救援，满足煤矿救援的需求。

2. 危险化学品灾害事故防控

发达国家在危险化学品安全风险防控基础理论、关键技术和装备研发方面几乎全面领先，已实现化工园区风险精准监测、危险化学品储运智能风险感知和全流程监控。英国、德国、荷兰、美国结合事故模拟和风险评估确定危险化学品外部安全防护距离，针对运输风险，建立个人和社会风险评估模型，考虑气象、道路、交通等因素，运用ARIPAR-GIS、SOCRATES等成熟风险评估软件对工业和危险化学品运输进行评估。

3. 城市火灾及地下空间管廊安全监测预警

在火灾探测方面，发达国家利用光谱、光声等及时进行火灾探测的研究，开发了精准度高、可靠性强的双光感烟、量子点传感器等新型技术，并建立了强大的数据采集与分析平台。这些技术进步为消防行业的大数据分析提供了支持，从而实现了城市火灾安全的预警功能。美国和欧洲燃气管理采用无人巡线机、激光测漏设备、多功能分析仪、自动化系统等，实现高效科技化燃气运营。美国、瑞典等已有燃气灵敏度优于10 ppbv的移动或车载式气体浓度分析仪，探测距离达150 m。美国、欧盟、日本等也开发了管网泄漏快速监测、溯源预警技术系统。在地下管廊方面，国外普遍实现了综合管廊信息化管理，设置火灾报警、气体检测、渗水警报、远程监控、缺氧检测、自动排水、智能通风等防灾安全设备，确保管廊安全运行。

4. 小结

提升事故灾难防控能力是建设更高水平平安中国的根本要求。经多年发展，我国在矿山、危险化学品、油气管道与地下管廊等领域的安全风险监测预警的基础理论、预警模型、关键技术等方面取得了一定的进展，有效提高了危险化学品、油气管道与地下管廊等领域的事故防范水平。但与世界领先国家相比，我国事故灾难防范技术总体上仍处于中试阶段，落后于领先国家的产业化阶段。因此，迫切需要通过科技创新提升事故灾难领域的监测预警水平、风险防控能力与应急救援能力，从而实现灾害事故的精密监测、精确预警、精准防控、高效救援，让人民群众在灾害事故中能够早撤离、得到早救援，最大程度地保障人民群众的生命安全。

（三）重大疫情防控子领域

2019 年 12 月暴发的新冠疫情肆虐全球，对医疗系统、公共卫生体系、社会运行及全球经济都造成冲击。这再次警示我们，新发传染病仍然是危害人类健康、阻碍经济发展和威胁国家安全的重要因素。在抗击新冠疫情的过程中，多国总结了经验，完善了预防与控制新发传染病的公共卫生体系，在疫情预警与风险评估的能力、疫苗研发与快速生产的技术和国际合作与信息共享的水平等方面均得到显著提升。

1. 疫情预警与风险评估

在新冠疫情期间，美国建立了联邦-州-地方三级联合的突发公共卫生事件应对体系以及政府行为、科学技术、社会动员三位一体的“公共卫生防护网”。美国已经形成了以国家法定疾病监测系统（National Notifiable Diseases Surveillance System，NNDSS）、国家症状监测项目（National Syndromic Surveillance Program，NSSP）、国家电子疾病监测系统（National Electronic Disease Surveillance System，NEDSS）及其基础系统（NEDSS Base System，NBS）、国家生命统计系统（National Vital Statistics System，NVSS）为核心的美国核心监控系统，以及以电子实验室报告（Electronic Laboratory Reporting，ELR）、电子病例报告（Electronic Case Reporting，eCR）为核心的数据可互操作系统。在病原体检测方面，基因组测序技术广泛应用于评估新冠病毒变异株对新冠疫情流行趋势的影响以及用于疫苗和治疗方法的研发。美国国家新发和人畜共患传染病中心（National Center for Emerging and Zoonotic Infectious Diseases，NCEZID）的高级分子检测（Advanced Molecular Detection，AMD）计划将病原体基因组测序纳入常规使用，并进行基因组技术和监测系统创新，开发了用于基因组和其他数据类型的集成、存储、分析和可视化的系统；建立了泛呼吸道病毒监测计划，应用跨卫生系统多站点网络的集成临床数据对呼吸道病原体进行基因组监测；改进开源生物信息学工具，加快共享新冠病毒序列和其他病原体数据的速度。在疫情预测方面，美国疾病控制与预防中心使用基于不同的建模方法的集成模型，纳入多种数据类型（如病例数据、人口统计数据、流动性数据）和干预措施（如社交距离、使用口罩）来预测住院人数。在人工智能对重大疫情防控的应用方面，美国国家生命统计系统建立了集成自然语言处理和机器学习的新系统MedCoder，实现了对多种死因的准确编码；通过网络收集接种者在疫苗接种后的感受，使用自然语言处理方法分析大量自由文本以寻找潜在的安全信号，从而增强疫苗安全监测的能力。

英国建立了中央和地方两级公共卫生监测防范网络，设立了国家疾病登记服务（National Disease Registration Service，NDRS）、国民保健服务（National Nutrition and Health Survey，NNHS）应用程序（Application，APP）、电子健康档案（Electronic Health Record，EHR）、OpenSAFELY冠状病毒研究平台等信息化系统。在病原体检测方面，英国国家健康服务（National Health Service，NHS）推出居家快速横向流动测试以进行大规模的新冠病毒常规检测，方便快捷地识别新冠病毒感染者；英国快速诊断公司［DnaNudge和牛津纳米孔科技公司（Oxford Nanopore Technologies）］，能在90分钟内检测出多种病原体，包括新冠病毒、流感病毒和呼吸道合胞病毒，并且不需要经过培训的专业人员进行操作，可以在非临床环境中使用。在疫情预测方面，国家健康服务使用牛津大学开发的QCovid模型来进行人口风险评估，只获取人口统计、生活方式、合并症等较少的特征，就能估计风险并生成绝对风险和相对风险，使风险人群能够被标记以优先接种疫苗，并为该人群提供适当的建议和支持；国家健康服务新的预测系统使用既往暴发病例数据、病床占用数据和急救电话量，采用改进的机器学习工具预测新冠感染入院人数，以按需分配工作人员、床位和呼吸机等资源。在人工智能助力远程医疗方面，国家健康服务建立了提供信息和个性化支持的在线门户网站“您的新冠恢复”（Your COVID Recovery）虚拟病房，以帮助人们应对新冠病毒的长期影响。在建立远程保健中心模式方面，将家用血氧仪服务扩展到整个地区，支持患者使用数字化服务远程监测症状。在传染病追踪防控方面，英国在疫情早期开发并应用了国家健康服务新冠病毒接触者追踪应用程序，向潜在新冠暴露者发送暴露通知并建议隔离时长，据估计，该移动端监测追踪应用避免了20万至90万例感染。①

日本建立了由国家（厚生劳动省）-都道府县（卫生主管部、局）-保健所-市町村（卫生主管科、系）四级管理部门构成的公共卫生管理机构。该管理机构建立了由中央传染病监测中心、地方传染病监测中心、传染病监测委员会等组成的国家传染病流行病学监测（National Epidemiological Surveillance of Infectious Diseases，NESID）计划。在病原体检测方面，推出带有新冠病毒呼吸面板的QIAstat-Dx以用于综合征检测，可以在单个患者样本中识别20多种病原体。在疫情防控方

① Wymant C，Ferretti L，Tsallis D，et al. The epidemiological impact of the NHS COVID-19 app. Nature，2021，594（7863）：408-412.

面，新冠疫情期间日本各地的旅馆和火车站都部署了具有人工智能功能的自动驾驶安全机器人来喷洒消毒剂。在重大疫情风险评估方面，日本开发了计算能力强大的超级计算机——富岳（Fugaku），对流体颗粒如何在空气中移动进行详细模拟，评估咳嗽、说话和唱歌时的风险水平。在人工智能方面，新冠疫情期间开发了人工智能医学访谈应用软件，可利用人工智能询问有关症状和医疗背景，帮助患者选择最合适的医疗保健提供者，并向医院发送可能的就诊人信息，使医院能够提前为潜在传染病患者的到来做好准备。

欧盟委员会主要通过健康和食品安全总局（Directorate-General for Health and Food Safety，DG-SANTE）负责新冠疫情响应，健康和食品安全总局通过欧洲疾病预防控制中心（European Centre for Disease Prevention and Control，ECDC）的早期预警和响应系统（early warning and response system，EWRS）进行预警并展开快速的风险评估。为消除各国新冠死亡人数统计标准差异的影响，开发了“欧洲死亡率监测”（EuroMOMO）超额死亡人数观察站，用标准化方法来检测和衡量与季节性流感、流行病和其他公共卫生威胁相关的超额死亡人数。此外，欧洲疾病预防控制中心制定了追踪系统评价指标框架，为各国提供一种标准化方法，以评估数字化的追踪技术对新冠疫情中大规模流调工作的贡献。

2. 疫苗研发与快速生产

在疫苗研发和生产方面，2021 年 3 月，全球组织流行病防治创新联盟（The Coalition for Epidemic Preparedness Innovations，CEPI）推出了为期五年的流行病防治计划，整个计划预计投入 35 亿美元，其中包括在 100 天内开发并批准疫苗的“登月”目标。2021 年 6 月，一个由英国政府主导的疫情防控合作项目获得了七国集团（Group of Seven，G7）《卡比斯湾宣言》的认可，呼吁在 100 天内完成疫苗研发，并加快疫情诊疗方案研发与部署的脚步。在联合临床试验合作方面，欧洲疫情和新型传染性疾病防控中心建立自适应平台，允许研究人员同时对多种疗法展开研究，并迅速终止不安全或没有前途的干预措施。根据世界卫生组织发布的《2024 年全球疫苗市场报告》（Global Vaccine Market Report 2024）全球疫苗市场的集中度较高，主要以辉瑞、默沙东、葛兰素史克、赛诺菲四大国际巨头为主，市场份额占据全球疫苗市场一半以上，且地位稳固。我国重点疫苗企业受研发技术、历史经验、研发仪器资源等各种因素的影响，与国外相比仍有较大差距。

在新冠疫情中，新冠病毒疫苗主要包括灭活疫苗、减毒活疫苗、病毒载体疫苗、蛋白亚单位疫苗、RNA 疫苗、DNA 疫苗和病毒样颗粒疫苗。2021 年 5 月和 6 月世界卫生组织（World Health Organization，WHO）批准的两种灭活疫苗——BBIBP-CorV 和 CoronaVac 均由中国自主研发，两种病毒载体疫苗包括强生研发的 Ad26.COV-2-S 和阿斯利康研发的 AZD1222，两种信使 RNA（Messenger RNA，mRNA）疫苗包括辉瑞研发的 BNT162b2 和 莫德纳（Moderna）研发的 mRNA-1273。目前疫苗存在的问题包括变体的中和活性下降和疫苗接种相关的不良事件，采用混配疫苗和开发新疫苗（如纳米颗粒疫苗）改进现有的疫苗佐剂，以及改变疫苗接种途径可能会提高疫苗的效力并减少不良反应的事件发生②。

3. 国际合作与信息共享

新冠疫情的暴发促使国际社会加强合作以应对跨国公共卫生风险，促进了新兴技术的快速发展。在重大疫情防控子领域，基本建成全球重大突发传染病智能化主动监测预警体系，全国各地区突发传染病信息报送和快速诊断体系，全国传染病全面监测监控体系，突发传染病时间智能快速流调体系，重大传染病时空传播风险评估与预测、态势感知与研判、情景推演与计算体系。

---

② Li M，Wang H，Tian L，et al. COVID-19 vaccine development: milestones，lessons and prospects. Signal Transduction and Targeted Therapy，2022，7（1）：146.

迄今，各国已经在全球卫生安全方面做出了很多努力，但疫情在全球范围内仍极易暴发。根据世界卫生组织在 2018 年发布的《2018 世界卫生统计报告》，2018 年大多数国家对新发疾病的防范水平仍为“低至中等”水平，未达到《国际卫生条例》的核心能力要求。2019 年的《全球卫生安全保障指数报告》指出，没有一个国家对流行病或全球大流行做好了充分准备。从全球应对新冠疫情的经验来看，相较于缺乏流行病或疾病全球大流行的防范和应对能力，缺乏资金来设立强大的公共卫生系统、完善社会保障计划、加强国际合作和全方面提升全球卫生安全的问题显得更为突出。世界卫生组织成立的大流行防范和应对独立小组（Independent Panel for Pandemic Preparedness and Response，IPPPR）在 2021 年 5 月公布的调查报告《COVID-19：让它成为最后一次大流行》中指出，现有的防范措施未能充分考虑到政治领导层的反应、对政府机构的信任以及国家快速和适应性应对能力的影响。以此来看，保障健康以守护安全的世界与每个个体息息相关，也需要各国联手行动。

国家间正在加强国际合作关系，建立强有力的疫情防范机制。越来越多的政府组织与联合国、世界银行、世界卫生组织等合作，开展联合行动。2021 年初，世界卫生组织与联合国粮食及农业组织（Food and Agriculture Organization of the United Nations，FAO）等国际机构共同建立了“同一健康”卫生高级专家组，旨在为合作伙伴提供指导，同时为与“同一健康”关联的决策提供支持。各国之间正在进行的联合行动包括：①共建早期预警系统以识别疫情暴发并进行风险评估；②推动疾病预防、治疗和管理的创新研究。2021 年 9 月，世界卫生组织增设了疾病智能防控中心（Hub for Pandemic and Epidemic Intelligence），旨在利用人工智能技术网络来加强国际合作和信息共享。在疫情暴发预警方面，已建成了两个基因组测序网络，其中一个由巴西、俄罗斯、印度和中国负责，另一个由美国疾病控制与预防中心和英国卫生安全局负责。该网络技术可以帮助卫生管理部门在危险变异株出现时更加快速深入地了解新型病毒。

4. 生物安全风险防控

2020 年 2 月 14 日，习近平总书记在中央全面深化改革委员会第十二次会议上指出："要从保护人民健康、保障国家安全、维护国家长治久安的高度，把生物安全纳入国家安全体系，系统规划国家生物安全风险防控和治理体系建设，全面提高国家生物安全治理能力。要尽快推动出台生物安全法，加快构建国家生物安全法律法规体系、制度保障体系。"相比于传统的安全问题，生物安全尤其是重大传染病具有难以预测和防控的特点，构成对国家安全的新型挑战与威胁。中国疾病预防控制中心发布的《全国新型冠状病毒感染疫情情况》显示，2022 年 12 月 23 日全国发热门诊（诊室）就诊人数为 286.7 万人次，达到新冠疫情暴发以来的峰值，相比于新冠疫情以前的 6 万人次的日均水平，增长近 50 倍。与此同时，新冠疫情对公共卫生系统的冲击也是前所未有的。在传染病的预防控制中，快速明确传染源或病原体是处理突发公共卫生事件并有效控制疫情的基础。新冠防控过程中研发出的核酸检测新技术 4—6 小时即可出结果，提高了检测效率。基于酶联免疫吸附剂测定（enzyme-linked immunosorbent assay，ELISA）的技术使检测效率提升；扩建生物安全防护三级实验室（P3 实验室）、应用高通量基因组测序方法、结合二代测序和三代测序技术使得病毒测序平台更加成熟。

新冠疫情对国家安全的影响还表现在对经济安全的影响。《经济研究》智库经济形势分析课题组于 2023 年 1 月 28 日发表的《2022 年中国经济回顾与 2023 年经济展望》指出，由于经济受到新冠疫情影响，居民消费欲望与能力降低，最终消费对经济的贡献显著减弱。2022 年，我国最终消费支出拉动 GDP 增长 1.0 个百分点，对经济增长的贡献率仅为 32.8%，与 2021 年相比下降 32.6 个百分点，也大幅低于新冠疫情暴发前的 2017—2019 年平均 59.5%的水平。疫情带来的失业问题也十分明显，青年人及服务业较为集中的大城市失业率明显走高。2022年，全国16—24岁人口城镇平均失业率为17.6%，比2021年增加3.3个百分点，比2020年增加3.4个百分点；全国31个大城市城镇平均失业率为6.0%，比2021年增加0.8个百分点，较2020年上升0.4个百分点。同时，新冠疫情还造成信息安全隐患，新冠病毒感染者的个人隐私需要得到公共卫生系统更有力的保护。

5. 小结

新冠疫情是一场百年不遇的重大传染病疫情，又恰逢当前这个经济高度全球化和人员物流发达，同时具备高度网络化和信息化的时代。新冠感染与人类以往经历的鼠疫、天花、流感、获得性免疫缺陷综合征（艾滋病）、严重急性呼吸综合征（非典）等传染病相比，具有更新的时代特点，如疫情的传播迅速、疫情持续时间长、毒株变种多、防控难度大。重大疫情防控需要发达和高效的全球合作网络、智能且复杂的预警预报风险评估系统和快速有效的疫苗生产机构。我国在疫情防控中，采取的是一条与西方不同的技术路线，在风险评估系统、疫苗生产方面需要加强基础科学研究能力。

（四）安全韧性城市子领域

随着全球城市化快速发展，城市成为带动世界经济增长的战略空间单元。联合国《2018年版世界城镇化展望》预测，2050年将有68%的人口居住在城市。然而，自然灾害、传染病、生物威胁、社会动荡等传统和非传统安全风险以超级互联的方式给全球城市带来巨大威胁。全球化的生产要素流动及人类活动对生态系统影响的加剧，使世界成为一个错综复杂、相互依存的社会体系。城市正逐步成为灾害关注的焦点，面临着更大的灾害压力和应急管理需求。

安全韧性城市是具备在逆变环境中承受、适应和快速恢复能力的城市，是城市安全发展的新范式。它有效防范自然灾害、安全生产、公共卫生等领域的重大灾害，保障人民生命财产安全。国际城市安全和应急管理科技发展趋势重视城市和重大基础设施的韧性建设。韧性城市已成为城市安全治理的核心议题。

1. 城市安全韧性评估与仿真

安全韧性评估与仿真是安全韧性城市建设的基础。通过安全韧性评估与仿真，安全韧性城市可以从空间维度了解不同灾害类型的分布和演化特征，识别风险区域和风险源，为防灾基础设施布置提供支持。安全韧性评估与仿真涉及理论和技术两个层面。在理论上，注重多灾种多风险的综合监控与风险规律揭示，以及基于数据的量化分析方法研究；在技术上，注重物联网等先进技术在监测预警、分析决策和应急保障方面的应用与支持，重视应急响应和协同决策模拟技术开发。随着物联网、人工智能等技术的发展，安全韧性城市将更加趋向于全面监测和智能感知，城市数据的利用将得到深入发展，在风险监测评估和应急保障方面发挥更突出的作用。

美国重视城市安全和应急管理基础科学研究，引导城市安全韧性评估与仿真研究方向。美国国家科学基金会资助了基础设施系统韧性研究项目，如韧性可持续基础设施、关联基础设施系统与过程韧性等。美国国家标准学会（The American National Standards Institute）发布了《城市韧性规划导则》，并资助建立了“基于风险的城市韧性规划”研究中心，侧重基础设施系统韧性评估。

美国阿贡国家实验室（Argonne National Laboratory，ANL）研究城市安全和关键基础设施保障，包括自然灾害、事故灾难、核生化反恐等重大综合灾害。美国橡树岭国家实验室（Oak Ridge National Laboratory，ORNL）开展交通运输安全、核生化、信息安全、气象灾害、人因工程、危机管理、关键基础设施防护、社区韧性等综合灾害的研究。

美国国土安全部建设了多个综合性的城市安全相关国家实验室。如国土安全部准备与巨灾响应国家实验室研究风险评估、辅助决策、基础设施完整性、安全韧性和传感网络等。国土安全部国家城市安全技术实验室（National Urban Security Technology Laboratory，NUSTL）开展灾害监测预警和应急响应技术研究，重点研究核生化反恐。国土安全部指挥、控制与协同卓越研究中心重点研究应急辅助决策系统、系统评价集成分析技术、信息数据挖掘和可视化技术等。国土安全研究中心管理九个公共安全研究中心，这些中心依托知名大学建设，并在大学建设有重大科技基础设施。

美国联邦应急管理局提出了 HAZUS-MH 和 FEMA-P58 两种城市安全风险评估方法并开发了对应的风险评估软件，用于分析评估不同城市基础设施系统对洪水、飓风和地震的风险、经济损失和恢复时间。HAZUS-MH 利用地理信息模型量化分析多种自然灾害对城市基础设施、经济和社会的影响。利用 FEMA-P58 评估方法开发的 PACT 软件考虑了各种不确定性，旨在使评估结果更加接近实际情况，以达到评估目标（图 1-1）。

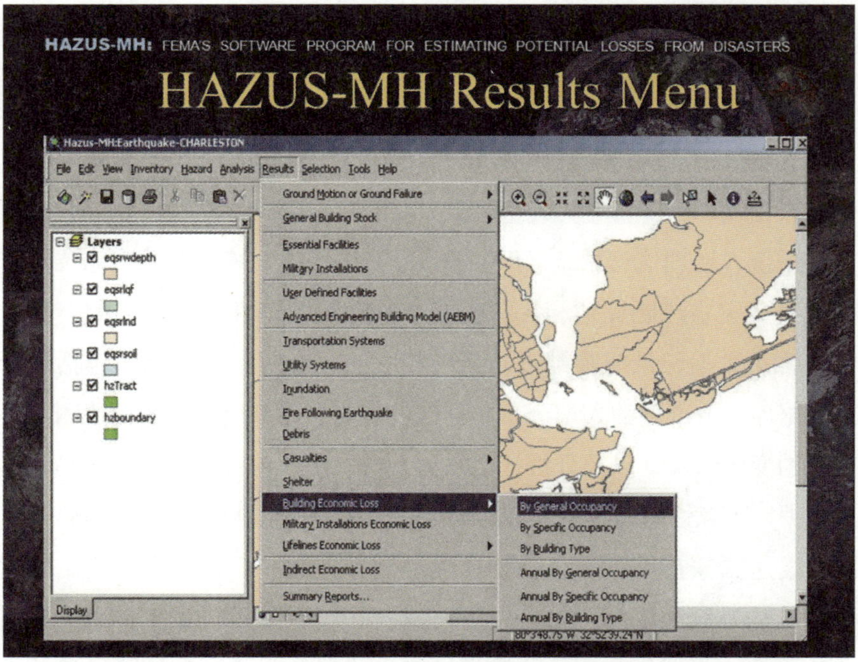

（a）HAZUS-MH 软件页面

（b）PACT 软件页面

图 1-1　HAZUS-MH 和 PACT 软件页面

数字化赋能是城市安全韧性评估与仿真领域的技术发展趋势，应基于集群计算与分布式服务等技术，融合数据集成、人工智能、城市信息模型（city information modeling，CIM）等技术，以及遥感、全球定位系统、地理信息系统（RS、GPS、GIS，3S）等新型数字化技术，构建集成灾害风险评估和灾情模拟仿真的城市韧性能力。例如，利用社会传感数据记录与基础设施系统相关的社会活动和变化，包括从开放数据库获取准确的人口分布和基础设施信息，利用街景图像监测实体建筑的变化情况，以及分析社交媒体平台上用户内容的数据变化趋势等大数据，可以快速识别灾害暴露地区，以及评估自然灾害损失情况。

发达国家在城市安全韧性评估与仿真方面取得了一定成就，其建立了多种系统和平台，如多灾种-多尺度-多系统的特大城市韧性影响评估系统、天然气和沼气检测识别实验装置、交通安全风险评估预警网络、城市实时交通运行数据的监测与管控平台等，以提升城市安全韧性和支持决策制定。

2. 城市安全监测预警

城市安全监测预警是城市安全治理体系和能力现代化的重要标志，也是安全韧性城市的实现基础。美国早期意识到关键基础设施对城市安全的重要性，并通过一系列制度形成相对完善和成熟的关键基础设施保护制度体系。国家基础设施保护中心（National Infrastructure Protection Center，NIPC）是关键基础设施信息安全监测预警的国家级机构。1998年，美国发布总统令要求建立一个国家中心，用于监测和分析针对国家关键基础设施的攻击行为，并争取私营部门参与。联邦调查局（Federal Bureau of Investigation，FBI）将其组织结构扩展为国家基础设施保护中心，负责威胁评估、报警、脆弱性分析、执法调查和应急响应。国家基础设施保护中心包括联邦调查局、美国特勤局和其他调查员，还有来自国防部、中央情报局及其他领导机构的代表。国家基础设施保护中心还进行预警、分析、计算机调查、应急响应的协调、培训、外拓以及技术工具的开发和应用。2002年，美国成立国土安全部统一管理国土安全事务（图1-2），并将国家基础设施保护中心纳入国土安全部的基础设施保护办公室（Office of Infrastructure Protection）。基础设施保护办公室下设国家基础设施协调中心（National Infrastructure Coordinating Center，NICC），负责监测基础设施威胁信息，并协调预警信息的共享和报送。国家基础设施协调中心的职责包括收集、维护和共享有关关键基础设施收到的安全威胁信息，以及通过关键基础设施伙伴网络传播预警信息。

在城市生命线综合监测检测技术领域，发达国家研发了高性能基础探测传感器，如供水管网泄漏检测的声学泄漏探测技术和地面空洞塌陷检测的探地雷达。在桥梁变形监测方面，研发了倾角、加速度、扭矩等高精度传感器。相比之下，我国在城市生命线监测预警方面依赖进口传感器，虽在局部领域有所进展，但整体水平较差，缺乏集成

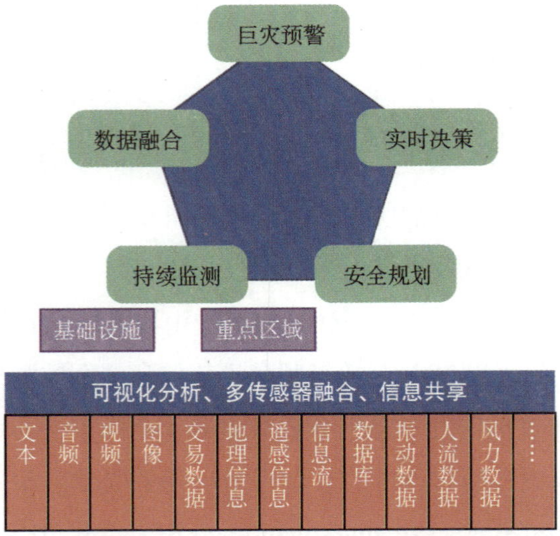

图 1-2　美国国土安全部城市基础设施保护和灾害管理

性和跨学科系统研究。需要国家统筹优势力量、跨界交叉攻关，实现大面积整体突破，以提升城市安全运行水平。

发达国家在城市生命线监测预警系统领域取得了卓有成效的研究成果。美国、英国、日本等建立了基于大数据和云平台的智能监管平台，覆盖供排水、燃气管网、轨道交通等领域；构建了多维层次的综合风险评估体系，研究了动力学演化机制和灾害事件中个体与组织行为特征；建立了次生衍生演化模型以确保城市生命线安全运行及应对突发事件。物联网监测和风险评估理论体系也得到了重视。例如，美国 ADS 公司的液位系统 ECHO 可用于供排水系统的溢流预警，包括液位持续上升的早期预警和过载报警，提前预警管网堵塞，以应对油脂、树根入侵、淤泥沉积和垃圾阻塞等情况。美国还利用水文水力学模型、分布式水文模型和水力学洪水分析模型进行流域洪水监测预警。韩国于 2019 年制定了智慧城市概念模型，该模型通过数据驱动的智慧城市运营管理和应用模型、超大规模物联网基础设施和网络技术，以及灾害预测、空气污染预测和建筑综合能源管理技术等的融合，提升城市治理水平并提高人民生活质量。这些经验对我国城市生命线监测预警系统的发展具有借鉴意义。

近年来我国也开始了城市生命线智能感知与监测的探索。合肥市政府于2015年5月成立了合肥市城市安全运行管理工作领导小组，由多个单位组成专项工作小组，推进城市生命线安全运行监测项目的建设和运营。依托清华大学合肥公共安全研究院的专业技术和人才优势，合肥市政府探索形成了城市生命线安全防控理论体系，并突破了关键技术，重点在高风险区域、重点敏感区域和关系民生保障的城市基础设施方面进行物联网建设。为应对权属复杂、多部门交叉、缺乏统一技术支撑等难题，合肥市成立了我国首个市级城市生命线安全运行监测中心，承担监测、分析和辅助决策等职能，并形成了市政府领导、多部门联合、统一监测服务的运行机制。通过打通政府、部门和企业之间的数据壁垒，合肥市实现了信息互联互通，将预警信息快速传递给运管企业、主管部门和应急指挥中心，并同步推送给辖区政府，实现联动处置。2023年5月，住房和城乡建设部在安徽省合肥市召开推进城市基础设施生命线安全工程现场会，倪虹部长表示，在深入推进试点和总结推广可复制经验的基础上，我国将全面启动城市基础设施生命线安全工程。

总体上，我国在发展中国家范围内，技术经济竞争优势明显，但尚难以在技术上与发达国家相抗衡。在城市生命线综合监测检测技术方面，声学泄漏与桥梁变形监测设备、高性能探地雷达、高精密阀门等基本依靠进口，高温环境下的管内检测技术仍是世界难题。在城市生命线监测预警系统领域方面，我国在单一领域物联网技术应用领域已经取得了不错进展，但由于各地发展不平衡、软件系统建设良莠不齐以及建设规模、业务覆盖度参差不齐等，全域覆盖感知能力较弱，对城市安全与灾害分析预测能力不足，软件的信息展示、协同与共享能力有待提升，未来仍需推动安全科技创新和成果应用，强化物联网、云计算、大数据、区块链、人工智能、移动互联、建筑信息模型（Building Information Modeling，BIM）/地理信息系统等现代信息技术应用，不断提升城市运行风险预测和预警能力。

3. 大型工程防灾

大型工程防灾实验设施是研究灾害链机理的关键技术支撑。通过对灾害演化过程及其同承灾主体之间的耦合机制的还原研究，将有效识别以城市系统为代表的承灾主体的脆弱性原因，在此基础上有针对性地加强城市系统各承灾主体的风险抵御能力，有助于实现城市韧性水平的提升。

美国MTS系统公司（MTS Systems Corporation）与加利福尼亚大学圣迭戈分校合作，开发了世界上负载能力最强、尺寸最大的户外地震模拟器。该模拟器为单自由度晃动台，具有7.6 m×12.2 m的台面尺寸和2000 T的负载能力。在美国国家科学基金会的支持下，该模拟器将升级为具备六自由度运动能力的地震模拟器，可开展10层足尺建筑结构的抗震模拟试验，包括桥梁、发电站、水坝、岸防工程、电器通信高塔、风电结构、防护墙、隧道等系统的试验，数据将用于木结构抗震性应用与研究。

欧洲、加拿大、日本和韩国等建有公路、铁路和地铁火灾与人员疏散实验室。全尺寸实验模拟实际火灾场景，依赖参数测量，适用于复杂结构、运行场景和火场环境的实验技术与装备是实现地铁隧道全尺寸火灾实验的关键。国外对地铁列车车厢燃烧的全尺寸实验较早，9个欧洲国家发起了EUREKA EU499交通隧道火灾项目，进行了铁路和地铁列车车厢在隧道内的全尺寸火灾实验，其中德国地铁车厢燃烧实验5分钟后最大热释放速率（heart rate recovery，HRR）为35 MW；加拿大卡尔顿大学的地铁车厢燃烧实验9分钟内热释放速率的峰值为52.5 MW；瑞典SP技术研究院（SP Technical Research Institute of Sweden）发现地铁列车车厢燃烧至12分钟时最大热释放速率达到77 MW。这些实验机构还原了轨道交通火灾演化机制，为提升轨道交通安全能力提供了支撑。

日本在大型工程减隔震与控制技术领域处于领先地位，隔震技术得到广泛应用，其中包括核电厂结构建设项目。日本电气协会出版了《核电厂隔震结构设计技术指南》（JEAG 4614—2000）。截至2014年，日本全国共有各类型隔震建筑约8600栋，其中约4700栋为规模较小的独栋住宅，约3900栋为其他建筑，主要是集合住宅。不论从数量还是质量上看，日本都是名副其实的世界第一隔震大国。而据不完全统计，到2021年，我国建成的隔震建筑超过10 000栋，并呈现继续增加的趋势。[③]我国减隔震技术以叠层橡胶隔震为代表，已进入国际市场，但产品性能和应用范围与国际先进水平有差距；阻尼器和振动控制技术的应用水平与国际先进水平相当，但控制硬件性能指标和精准化程度与国际先进水平有差距。在工程结构抗震方面，我国的重要生命线工程单体结构和设施设备的抗震技术发展水平与国外差别不大，生命线工程网络系统抗震优化设计技术在供水、交通系统中的研发与应用较多，总体处于技术推广阶段。

4. 小结

安全韧性城市是国际城市安全发展的新范式，离不开工程科技的发展与支撑。韧性评估与仿真技术从空间维度还原城市不同灾害类型的特征和演化，揭示多灾种耦合机理，识别风险区域和源头，为防灾基础设施布置提供支持。城市安全监测预警技术可实时扫描安全风险，快速响应灾害事故，确保城市生命线安全。安全韧性城市建设重点包括韧性评价、多灾种风险评估、安全韧性城市空间规划，重点突破在燃气管网、城市内涝防治系统、交通安全网络等设施领域的韧性评估和增强技术。

发达国家在城市安全韧性方面的经验归结为专业实验室与综合实验室的结合，依托顶尖大学建设新型设施，利用多学科交叉研究城市

---

③　曲哲，中泽俊幸. 建筑隔震技术在日本的发展与应用. 城市与减灾，2016，(5)：56-63；谭平，陈洋洋，周福霖，等. 国家标准《建筑隔震设计标准》编制与说明. 工程建设标准化，2021，(5)：22-26.

灾害预防和风险控制的基础问题和核心技术，形成全面科学的认识，并在灾害治理领域储备关键技术。我国应借鉴这些经验，进一步提升城镇公共安全风险防控与治理科技水平，为安全韧性城市建设提供科技支撑。

（五）综合应急技术子领域

为预防和有效应对各类灾害事故，将其影响降到最低，国际综合应急技术得以快速发展。综合应急技术是为实现对突发事件的高效应急而采取的技术手段，包括灾情评估与综合研判技术、应急决策支持技术、应急现场传感与通信技术、人员搜救与疏散避难技术、现场处置与控制技术等。先进的综合应急技术和应急装备，是高效和可靠地实施突发事件预防与应急准备、监测预警、处置救援、预防防护等的重要基础与有效保障。

然而，在灾害频繁发生且复杂程度加剧的背景下，灾害应急面临着多灾种并发、巨灾耦合、全球气候变化以及人类活动加剧等诸多挑战，自然灾害及其引发的事故灾难频度也在不断增加。在应对这些灾害的过程中，传统的救灾、防灾技术仍显不足，巨灾耦合产生的严重后果对应急决策与指挥提出了更高要求。因此，如何利用新型的工业技术手段更加高效、系统地预防和解决应急工作中的各类难题成为全球关注的重点。

1. 巨灾耦合应对

巨灾作为一种对国家经济和社会发展具有重要影响的灾害风险类型，是涵盖地下、地表和地上的综合灾害效应，后续会引发多种灾害形成灾害链，其机理研究对有效防灾减灾至关重要。

美国在巨灾研究方面取得了重要的进展。在国家实验室层面，桑迪亚国家实验室（Sandia National Laboratories，SNL）的研究领域主要包括基础设施安全、生产安全、能源与环境。橡树岭国家实验室作为能源部所属的大型国家实验室，安全生产是其重要的研究方向，涉及交通运输安全、核生化、信息安全、气象灾害、人因工程、危机管理、关键基础设施防护、社区恢复力等综合灾害。阿贡国家实验室重点研究城市安全与关键基础设施保障，涉及自然灾害、事故灾难、核生化反恐等重大综合灾害，开展风险评估、预测预警模型、应急准备、人体防护等的研究。

在政府部门方面，以美国国土安全部为首，建设了多个综合性的城市重大综合灾害国家实验室：①准备与巨灾响应国家实验室致力于多学科交叉的研究，包括风险评估、辅助决策、基础设施完整性、恢复力和传感网络等研究；②国家城市安全技术实验室开展灾害监测预警、应急响应技术的研究，也侧重核生化反恐；③国土安全研究中心管理的九个公共安全研究中心，均依托知名大学建设，并在大学建设有重大科技基础设施（如佛罗里达国际大学国际飓风研究中心建立固定和移动风墙以模拟飓风，并耦合相关的降雨装置，以研究飓风和暴雨，以及两者耦合作用造成的破坏）。美国国家地震工程模拟网络（Network for Earthquake Engineering Simulation，NEES）建立了数字化网络平台 NEEShub，汇集全美 14 个抗震和土木工程研究领域的先进实验室，通过紧密合作改善建筑物的抗震功能设计，推动了土木工程技术创新，并通过自然灾害工程研究基础设施（The Natural Hazards Engineering Research Infrastructure，NHERI）计划建立自然灾害工程研究大型设施。

在高校方面，加利福尼亚大学伯克利分校计算、建模和模拟中心（Computational Modeling and Simulation Center，SimCenter）开发了一个包括建筑信息模型、灾害事件、损失计算等部分的自然灾害工程研究应用集成框架，可实现区域尺度的复杂灾害情景模拟。美国商业和房屋安全研究院（Insurance Institute for Business & Home Safety）建设了飓风、降雨、火灾、冰雹等大型多灾种研究设施，实验舱大小为 44.2 m×44.2 m×18.2 m，可对实际尺寸的房屋、车辆等的灾害事故进行研究测试。美国得克萨斯农工大学（Texas A&M University）建有多种事故灾害场景实况模拟设施，包括建筑倒塌、油库泄漏爆炸、船舶与车辆交通事故，占地1.4 km^2（包含城市安全、应急演练中心、火灾实验基地等），为生产安全、国土安全、安全应急等提供科技支撑与培训。

日本非常重视建设大规模灾害研究的科研机构，对实验设备和设施的投入力度较大。防灾科学技术研究所是日本最大的综合防灾研究机构，建有世界最大的地震台（台面尺寸为20 m×15 m，最大承载能力为1200 t）、大型降雨装置、风雨实验楼、冰雪实验楼等，重点研究地震、火山、水土砂、冰雪灾害等耦合机理，注重多灾种耦合与风险评估的研究。国土技术政策综合研究所涉及地震、地质灾害、交通安全、危机管理、风险评估、防灾信息系统等的研究。土木研究所研究结构安全、水灾害、寒冷地区灾害、交通安全、农业灾害等多个领域。京都大学防灾研究所针对综合防灾减灾开展大量科学研究，包括都市空间安全控制、都市防灾计划、防灾技术政策、防灾社会系统、巨大灾害过程、灾害情报系统、灾害评估、地域性灾害等，不仅建设有供研究使用的城市水害模拟实验装置和大型降雨模拟实验装置等，还有用于公众体验的洪水灾害下的推门实验和上楼梯实验等装置。气象厅是日本主管地震和海啸监测的专门机构，建有24小时不间断运作的监测系统，以确保在地震发生的瞬间计算出震源、规模、是否引发海啸并发出海啸警报和预报。据统计，早在2011年，日本气象厅在全国范围内安装了大约180个地震检波器站点，以在地震发生后快速地定位震源并估算出地震的震级以及发布海啸预报。为向全国共约3900个区域点发布地震强度信息，日本气象厅在全国范围内安装了大约600个点的地震强度仪，24小时监测地震；在日本海域安装了约1000个地震仪，密切监视大陆架板块的移动。日本气象厅也使用由当地政府安装的2800个点以及防灾科学技术研究所安装的地震强震观测仪所提供的数据。[④]自然灾害多发的日本在灾害预警系统建设方面无疑走在了国际的前列，其所取得的成绩和所积累的经验对世界各国，特别是对发展中国家有着重要的指导作用和借鉴意义。

法国建筑科学技术中心（Centre Scientifique et Technique du Bâtiment，CSTB）建造的一套气候灾害风洞可以真实模拟各种气候环境灾害，用于建筑、桥梁与户外设施的设计与结构改进。韩国在首尔建有安全体验馆，也称为灾难体验馆，是亚洲最大的灾难体验中心，里面有地震、火灾、台风、急救等实践性很强的体验活动。体验馆是一栋拥有地下 1 层楼至地上 3 层楼规模的建筑，总面积达 6142 m^2，共 20 多种体验项目（包括自然灾害体验场、人为灾害体验场、救助救难体验场等），让公众通过实际体验假想灾难，了解各种事故的危险性，并学习预防及应变要领。

巨灾研究对于防灾减灾具有重要意义，国家、区域和全球的应急管理越来越重视事前准备，国家准备体系的建立和全社会的参与为应对巨灾提供了更有力的支持和协作机制。因此，依托研究机构先进的科技平台，能够更深入地剖析巨灾孕灾机理，进而基于这些研究成果，制定事前准备措施与综合防灾策略，以有效降低巨灾影响。

2. 应急决策指挥

（1）美国

早在 1967 年，美国联邦政府将“911”作为国家统一的报警号码。1979 年，美国成立了联邦应急管理局负责全国重大灾害的预防与处置。近年来，美国十分重视大数据相关系统建设和灾害应对研究。美国国防部 2012 年以来年均投资超过 2.5 亿美元进行大数据研究[⑤]，涉及地理信息数据分析与可视化技术、非结构化数据的持续实时分析与应用、情报数据处理与分析技术等诸多方面。美国联邦应急管理局通过实施“E-FEMA”战略，建立了基于大数据技术的应急信息系统层次

④　钟开斌. 日本灾害监测预警的做法与启示. 行政管理改革，2011，(5)：39-43.

⑤　耿卫，马增军，夏素敏. 美军大数据技术研发现状分析. 创新科技，2015，(10)：35-38.

机构模型，不仅使各类应急信息系统的信息资源能得到及时更新，还能促进不同系统之间的信息共享，为应急决策过程提供技术支持。该模型主要包括3个子系统：联邦应急管理信息系统、网络应急管理系统（WebEOC）、灾害损失评估系统（HAZUS）。

在2001年“9·11”事件应对过程中，纽约消防部门出现了重大伤亡，暴露出了美国消防、警察部门各自独立的指挥系统之间缺乏有效的沟通与协同，迫切需要规范突发事件应对中的组织架构、统一的术语和规范的流程，这助推了美国全国突发事件管理系统的诞生。2003年2月28日，《国土安全总统第5号令》的发布直接支撑了全国突发事件管理系统的创建与实施。2004年3月1日，美国联邦应急管理局发布了第一版《全国突发事件管理系统》（National Incident Management System，NIMS），也即第一代全国突发事件管理系统，并于2008年对其进行了修订，使其成为第二代全国突发事件管理系统。2022年，正值飓风“桑迪”登陆美国东海岸10周年之际，美国联邦应急管理局制定了《美国联邦应急管理局研究计划2022—2026》（2022-2026 FEMA Strategic Plan），旨在促使美国应急管理部门能够应对更加复杂的自然灾害，提高联邦应急管理局灾害援助的效率和质量。该计划以应急救援队伍建设、社区建设和战略规划为基础提出了以下三个重要的目标。

1）平等的应急资源。受地理、人口、政治、历史和文化背景等综合因素的影响，美国不同社区都具有独特的属性。基础设施不足的社区以及特定的身份群体往往更加容易受到自然灾害的影响，且这种影响往往进一步削弱了社区的韧性。这样的循环，加剧了社区所面临的挑战并进一步增加了他们下一轮的受灾风险。因此，通过管理来平等地分配资源以弥补社区原有资源的不足有利于提高国家整体韧性。

2）提高城市应对气候变化的能力。气候变化使得自然灾害频发的同时也加剧了灾害对城市的破坏，根据美国国家海洋和大气管理局发布的年度报告，美国本土2023年发生28起单起经济损失达至少十亿美元的严重气象灾害，刷新 2020 年所创纪录。[⑥]极端天气引发灾害事件从而引发链式效应，导致城市面临更大的风险和严峻挑战。为此，美国联邦应急管理局计划进一步提高国家预测未来极端灾害的能力，增强应对措施，重塑美国应急管理水平。以洪水为例，美国 2023 年 4 月执行了新的风险评价体系（风险分级 2.0）来替代国家洪水保险计划（National Flood Insurance Program，NFIP）的风险评级方法，通过运用人工智能、大模型等先进技术，分析海量数据从而获得更加有效的判断依据。同时通过纳入洪水频率、多种类型灾害（河流泛滥、风暴潮、海岸侵蚀和强降雨等）、水源与城市的距离及海拔和重建成本等更多的变量来对灾害进行更准确的定量评价。

3）提升联邦紧急救援署（Federal Emergency Relief Administration，FERA）的领导能力。随着应急通信、互联网、大数据等技术的逐步应用，也为美国应急管理系统的发展提供有力支撑，特别是，为全面提升美国应急通信的保障能力和水平，美国联邦政府正式启动“第一响应人员网络”（First Responders Network，FirstNet）项目。该项目计划投资超过 1500 亿美元，旨在保障警察、消防队员、应急医疗人员等现场应急响应人员间的高效沟通，以提升整体响应效率，挽救更多生命，保障社会安全。

2023 年 3 月，美国联邦政府发布《全国突发事件管理系统》信息和通信技术篇，为应对从日常事件到需要协调的联邦响应的所有事件提供了一致的工作基础。《全国突发事件管理系统》定义了新运行系统，包括突发事件指挥系统（Incident Command System，ICS）、紧急行动中心（Emergency Operations Center，EOC）结构和多机构协调（Multi-Agency Coordination，MAC）小组。该系统的实际应用和变革发展受到国际应急管理领域的高度关注，并且更加重视应急管理规则制定与制度安排，特别是，把“统一行动”（unity of effort）作为新一

---

⑥　美国本土 2023 年重大气象灾害数量创纪录. http://usa.people.com.cn/n1/2024/0111/c241376-40156842.html[2024-01-11].

代应急管理系统的指导原则，这意味着要协调各个组织间的活动以实现共同目标。“统一行动”有助于使具有特定管辖职责的组织在行使权力的同时相互支持。

（2）欧盟

基于“实行共同安全”的一体化政策，欧盟仿效美国和加拿大建立了可在成员国通用的“112”应急联动系统。随着欧盟的不断扩大，系统覆盖范围也不断拓宽，目前欧盟成员国基本上都已建成“112”应急联动系统。一些国家将原来分散的警察、消防、医疗急救等系统进行整合，建立符合本国国情的应急联动系统。迄今，已有瑞典、荷兰、葡萄牙、丹麦等7个国家建成本国的“112”应急联动中心，取得了一定的成效。欧盟集成了全球定位系统、全球移动通信系统（global system for mobile communications，GSM）、专用移动无线电业务（private mobile radio service，PMR）等技术，开发了EGERIS试验通信系统，建立起移动控制中心，以制定覆盖灾难区域最广范围内的救援队伍协调方案。该方案要求现场救援人员配备火灾探测和报警系统（fire detection and alarm system，FDAs）、全球移动通信系统、全球定位系统技术的小型设备。“112”应急联动中心为其提供语音和数据通信。作为“112”应急联动系统的子系统，紧急呼叫系统（emergency call，eCall）具有自动紧急呼叫功能，一旦发生交通事故，车载紧急呼叫系统终端将自动呼叫“112”，将地点等情况报告给最近的急救站，为城市和农村的事故营救分别节省40%和50%的时间。[⑦]欧盟成员国在“112”社会联动机制构建上也进行了机制创新，主要是与动物急救、毒品管理中心、海岸警卫队、民防部门、森林消防、药品管理等部门的联动。瑞典“112”应急联动中心作为该国的一级应急中心，还实现了空中事件、放射物污染事件、海洋环境事件等的预警调度。

2022年欧盟提出了数字十年发展目标，即2025年欧洲家庭实现高

---

⑦ New UN regulation on automatic emergency call system for road traffic accidents will reduce response times and save lives. https://unece.org/transport/press/new-un-regulation-automatic-emergency-call-system-road-traffic-accidents-will[2024-11-21].

速网络覆盖，2030年千兆网络在欧洲广泛应用。借助这一规划，欧盟委员会决定将迭代后的通用工具集成到EGERIS中，从而提供全方位的应急通信、信息和决策功能。高速通信网络的植入提升了欧盟“112”应急联动系统和EGERIS的通信水平和响应效率，为提升整个欧洲的综合应急水平提供了技术可能：高速网络的发展在促进通信能力大幅提升，提高风险预警准确度，加快政府部门和救援人员的响应时间，提升多部门协同救援指挥和灾情研判的效率等方面都发挥了重要作用。

（3）德国

德国在联邦层面上，专职负责应急管理与救援的是联邦内政部直属的两家机构，分别是联邦公民保护与灾难救助局（Bundesamt für Bevölkerungsschutz und Katastrophenhilfe，BBK）和联邦技术救援署（Technisches Hilfswerk，THW）。前者负责处理联邦政府有关民事保护的任务，包括突发事件预防、关键基础设施、公民医疗保护、民事保护研究、应急管理培训、技术装备补充以及公民自我防护等事务，为民事保护提供信息、知识与服务平台。后者成立于1950年9月，是负责提供技术性较强的现场救援的战术指挥组织，不仅代表联邦政府开展国际人道救援，还根据消防、急救、警察等部门请求实施灾害救助。除此之外，参与应急救援的机构还包括其他联邦部门、联邦军队、联邦警察和联邦刑事调查局等。

由联邦内政部下属的联邦公民保护与灾难救助局组建的共同报告和形势中心，以及开发的德国紧急预防信息系统成为德国应急管理的两大武器。共同报告和形势中心成立于2002年，是危机管理的核心部门，负责优化跨州和跨组织的信息和资源管理，加强联邦各部门之间、联邦与各州之间，以及德国与各国际组织间在灾害预防领域的协调和合作。联邦公民保护与灾难救助局不同于传统的管理机构，各领域的专家共同组成了一个跨部门、跨州的多学科防御网络。联邦公民保护与灾难救助局还得到了德国各个相关部门的支持和配合，如德国流行病权威发布机构罗伯特·科赫研究所、波茨坦地学研究中心、德国气象局、联邦血清与疫苗管理局、联邦刑事犯罪调查局、联邦信息技术安全局、联邦技术救援局、联邦国防军等。

为了更好地应对自然灾害给人类社会带来的生存挑战，更好地履行联合国《2015—2030年仙台减少灾害风险框架》、《2030年可持续发展议程》和《巴黎协定》等全球协议，2022年德国联邦内阁通过了《德国加强灾害韧性战略》（German Strategy for Strengthening Resilience to Disasters），旨在加强联邦政府、各州和市政当局之间的合作，增强德国的整体危机抵御能力，从而充分应对未来可能发生的社会风险和自然灾害。

德国联邦在《德国加强灾害韧性战略》中指出，手机广播、移动电话等现有装备可以接入更加先进的预警系统，使得系统能够在通过现有终端传递消息的同时，将救援人员、各级政府、事件信息等融合到一个APP中以实现风险管控。此外“德国紧急预防信息系统”提供了一个开放的互联网平台，集中向人们提供各种危急情况下如何采取防护措施的信息。该系统网络平台有2000多个相关链接，人们从中可以很方便地找到有关民众保护和灾难救助的背景信息，也可以了解在危险情形下如何采取预防措施和行为规则等信息。另外，这个信息系统还有一个专供内部使用的信息平台，为决策者在民众保护和灾难救助方面提供信息。在危险局面出现时，这一内部平台可以帮助决策者有效开展危机管理，大大减轻了决策层的风险评估和资源管理工作。

（4）日本

日本是一个公共安全事件频发的岛国，因此其在自然灾害、公共卫生等方面的应急管理系统建设方面起步较早，应急决策指挥能力和技术相对成熟。日本开发了名为Toretter的报告系统，实现比计量部门更快地估计地震位置并广播信息。日本的突发公共卫生事件应急管理组织体系是在国家危机管理体系的基础上建立的，由厚生劳动省、派驻地区分局、检疫所、国立大学医学院和附属医院、国立医院、国立疗养院、国立研究所等构成[⑧]。日本高度重视该体系的构建，投入了大量的资金和技术作为支撑，并将其纳入整个国家危机管理体系。与此同时，在重大公共卫生信息化建设方面，日本采用先进的物联网信息技术、移动通信技术、卫星技术、无线射频技术、定位技术以及医疗救援机器人等来提高其应急指挥救援能力。在公共卫生应急管理方面，日本拥有先进的智能化信息技术，建立了统一协调的指挥领导体系，并汇聚了综合性的复合专业人才，实现了技术、管理、人才体系三合一的完美结合，做到安全监测、科学决策指挥、紧急救援，及时快速地应对区域范围内的突发公共卫生事件。

在 1995 年 1 月 17 日阪神大地震之后，为了强化灾害信息传递以及灾害初期应对体制的具体措施，日本政府分别设立了内阁危机管理总监、可以 24 小时收集信息的内阁情报集约中心以及官邸危机管理中心等职位和机构[⑨]。日本建立了发达、完善的防灾通信网络体系，包括以政府各级部门为主，由固定通信线路、卫星通信线路和移动通信线路组成的中央防灾无线网；以全国消防机构为主的消防防灾无线网；以自治体防灾机构和当地居民为主的都道府县、市町村的防灾行政无线网；在应急过程中临时部署的互联互通的防灾通信无线网；等等。此外，日本还建立起各种专业类型的通信无线网，包括水防通信无线网、紧急联络通信无线网、警用通信无线网、防卫用通信无线网、海上保安用通信无线网以及气象用通信无线网等。完备的灾害通信管理无线网络，支持通过电话、传真、数据通信、视频会议以及网络等渠道发布灾害信息。国土交通省观光厅设有全年 24 小时日语、英语、汉语、韩语电话呼叫中心，通过脸书、推特、优兔、微博、微信等社交平台进行多语种灾害信息的发布，针对 2020 年新冠疫情又增设了针对新冠疑似症状的咨询和援助服务。

---

⑧　樊丽平，赵庆华. 美国、日本突发公共卫生事件应急管理体系现状及其启示. 护理研究，2011，25（7）：569-571.

⑨　王德迅. 日本灾害管理体制改革研究——以“3・11东日本大地震”为视角. 南开学报（哲学社会科学版），2016，（6）：86-92.

除了应急通信网络，日本也很重视应急通信装备的研究和使用，除了广泛适应的无线公网手机外，无线射频识别技术和无人机器人在日本的应用已较为广泛。如果有人被埋在废墟堆里不能动弹或呼救的话，内置无线射频识别标签的手机会告诉搜救人员被埋者所处的具体位置，使搜救者能以最快的速度展开营救。此外，无线射频识别标签还可以实现人和物、人和场所的对话。在救援物资上贴上此种标签，可以实现对救援物资数量的统计与记录，根据每个避难所的人数发放物资，尽可能地做到合理分配。同时，在救援行动中，日本开始广泛使用无人机器人，将其投入救援一线。截至2018年，日本专门为应对自然灾害开发了“第三只眼无人机系统”，通过红外热成像探测人与三维地理信息系统的结合，帮助确定需要救援的人的位置和状况。该系统还被消防和警察部门采用，可以代替人类执行救灾任务的机器人也在开发中。

技术革新同时为日本综合应急水平的提高提供了可能，日本超级计算机“富岳”在2020年6月的国际超级计算大会上被宣布为世界上最快的超级计算机。在2021年2月，研究人员利用“富岳”实现了在海啸到达陆地之前快速预测沿海地区的海啸洪水，借助超级计算机的高速性能，通过额外的海啸场景训练模型，有助于实现可以预测更广泛地区海啸洪水的能力。[⑩]同时，日本东北大学（Tohoku University）牵头开发了灾害模拟与分析系统，用于评估大地震引发的海啸对建筑物造成的损毁高度、影响范围、受灾人数及破坏规模，以上数据都可以在30分钟内将关键数据和信息发送给日本境内的移动手机用户。

（5）其他

全球各国针对应急指挥决策还有很多典型案例值得借鉴。诸如，澳大利亚国家信息暴露系统（National Exposure Information System，

---

⑩ 日本东北大学. Fujitsu Leverages World’s Fastest Supercomputer and AI to Predict Tsunami Flooding. https://www.tohoku.ac.jp/en/news/research/fujitsu_fugaku_ai_tsunami_prediction.html[2021-02-16].

NEXIS），旨在为风险分析和灾害管理用户提供全面的、全国一致的受灾信息，为决策者提供实证支持。由俄罗斯极端事件研究中心、地震研究中心、环境地理科学研究所、俄罗斯科学院等机构共同研究建立的EXTREMUM系统主要用于地震的快速评估，可随时接收来自全球地震监测部门的地震基本信息。印度尼西亚研发了基于地理信息系统和社交媒体（social media，SM）的动态决策支持系统（dynamic decision support system，DDSS），将地理信息与推特技术相结合，向公众通报海啸风险，通过社交媒体（安装在智能手机上的DDSS APP）将风险地图发送至社区领导者；当紧急行动中心（Emergency Operations Center，EOC）收到海底预警信息，灾害管理员（emergency managers，EMs）就会利用风险区域分析功能和城市系统地理空间信息来评估潜在的海啸洪水风险区域并识别受威胁的社区，以确定紧急撤离指令，使自组织信息网络能够支持决策和紧急情况下的集体行动。

在综合应急管理平台技术领域，国际上的发展趋势是数据驱动、智能响应、情景应对和体系协同。发达国家加强了物联网和大数据技术在应急管理中的应用，强调灾害现场、风险源和应急资源的自动化感知和大数据汇聚，以数据和数据分析为基础进行决策。机器智能被充分利用来辅助应急管理的预测预警和指挥决策，解决跨领域知识认知的难题。新的人机交互（human machine interaction，HMI）、虚拟现实（virtual reality，VR）和增强现实（augmented reality，AR）等技术被研究，以提升应急平台的情景构建和态势感知能力。跨时空、多指挥决策层级的协同和能力共享技术研究也得到加强，构建了统一的应急信息态势四维空间。

新一代信息技术应用为应急指挥提供了更多的信息支持和决策依据，使得救援行动更加高效和精确。随着技术的不断进步和创新，可以预见大数据、人工智能、物联网等在应急管理中的应用将持续发展，并提供更强大的技术支持。

3. 应急救援装备

当前，信息技术、新能源、新材料、生物技术等高新技术在各领域迅速发展与深度融合，推动着以数字化、网络化、智能化、绿色化为特征的产业与社会变革。为提高突发事件的响应和处置能力，必须加大先进适用装备的配备力度和关键技术研发，持续推进公共安全技术创新和新技术应用，实现应急管理装备的现代化。

（1）机器人技术的蓬勃发展

机器人作为一种在应急救援中应用较为广泛的装备，早在1980年被首次提出，1995年开始应用于应急救援工作。机器人的应用场景包括但不限于地震、雪崩、爆炸等事故的救援工作，机器人的使用可以大大降低救援人员的风险，增加受害者被营救的概率。机器人可以飞行、游泳、爬行或者滑行，能够对目标位置进行自主搜救。随着信息传输、图像技术等科技的飞速发展，机器人可以在应急救援开展之前先期到达战场，结合完整且高速的数据传输系统，做到自主搜救、自动标注重点区域和人员、自动为救援指挥提供实时数据。

随着计算机和人工智能在近几年飞速发展，目前的机器人能够自动评估受灾状况，自主规划救援路线。通过配备无人数据传输和热传感技术，目前的救援机器人具有更高的自主性和更低的错误率。利用这一技术优势，洛克希德·马丁公司的靛玉Indago无人机在澳大利亚野火救灾中完成了至关重要的搜索和救援任务；法国机器人“鲨鱼”（shark robotics）利用热成像原理，能够在900℃高温下开展设备运送、移动伤者、评估现场等工作，其在2019年巴黎圣母院大火救援中发挥了重要作用。

此外，以色列无人机公司ThirdEye Systems在计算机视觉和无人机控制方面发展迅猛，2021年其旗下产品Meduza在广阔的区域内具备高扫描能力，能够检测不同类型地形上的物体。基于人工智能的神经网络热分析和分类系统，Meduza能够昼夜工作并具备增强其态势感知的能力。

未来，随着科技的继续进步，机器人将具有更大的自主性，机器人将能够从经验中学习、总结，从而在救灾减灾中扮演更加智能和重要的角色。

（2）智能化的车辆机械

高新材料技术的不断进步为消防车等大型救援装备的可靠性提供了有力保障。消防救援车辆正朝着更智能、易操作、更高效、易维护的方向发展。更多电子设备的使用节省了机械结构的空间，使得救援车辆可以容纳更多的救援装备和人员。同时，优化后的电子设备减少了救援装备线束、机械部件的使用，使得装备的故障率大幅降低。同时，无线通信手段的接入使得在救援人员能通过手持设备操作救援装备的同时，指挥人员可以通过安装在救援车辆上的摄像头、传感器等装置实时掌握灾情现场情况。救援人员还可以通过车载远程信息处理控制单元（telematics control unit，TCU）对救援车辆、装备进行实时监测，提前感知装备在救援中的状态，避免设备故障等对救援产生的影响。

现代通信手段的引入使得救援车辆、大型救援装备能够做到装备-装备、装备-指挥部、装备-人员之间的无缝通信。同时，科技的进步使得“清洁驾驶室”概念能够引入救援车辆，这可以保护救援人员免受致癌物质等污染物的侵害，保障了救援人员的身体健康。

此外，无人空域公司（Unmanned Airspace）是商用无人机和城市空中交通行业的关键推动者，其发布的《2024—2028无人机交通管理服务市场》为全球无人机交通管理系统（Unmanned Aircraft Systems Traffic Management，UTM）行业的市场预测、机遇和未来发展提供了世界上最全面的分析报告，不难看出，未来无人驾驶航空车辆不仅能够在地面应急救援指挥协同过程中发挥关键作用，同时具备快速到达战场、空中侦察、物资投送等能力。

（3）公共卫生装备不断发展

科技的进步推动了公共卫生领域装备质量的提升，自动化、智能化的装备在公共卫生领域得到了广泛应用。2020年新冠全球大流行催生了医疗监测、健康管理、疫苗等设备的又一次飞跃，美国、中国等建立新的公共卫生实验室，其内部配备有更高效的监测、检测设备，提高了检测的效率和准确性，同时，设备可以利用全基因组测序技术应对不断变种的新冠病毒。结合遥测技术、智能温控技术等先进手段，联合国儿童基金会建立了完整的智能化特殊疫苗存储装置，保证了其在极端条件下的活性，为黑山地区的儿童提供了安全可靠的疫苗。

传统的医疗检测设备也随着科技的发展不断进步。例如，基于新型计算机断层扫描（computed tomography，CT）技术的医疗装备利用光子计数将光子直接转换成电信号，克服了原有计算机断层扫描的局限性，能够在提供更高的空间分辨率、无电子噪声的优化数据的同时大大提高检测效率。这一技术在新冠疫情期间得到了广泛应用，在患者筛查过程中降低了辐射、造影剂用量的情况下，获得了更精准的检测数据。

人工智能的发展同样也影响了医疗装备的进步，匈牙利在医院建立了基于人工智能技术的应急系统，有效地提高了医疗服务的效率，增强了各部门和医疗团队间的协作。同时，便携式的诊断设备可以结合人工智能技术在灾区利用有限资源对患者进行准确的检查甚至手术。公共卫生领域装备技术的发展越来越依靠海量数据，在此基础上实现了效率和速度的双重提升。

上述技术的发展，彰显出全球对应急管理装备现代化革新与技术创新的高度重视。持续深入推进技术研发，加速成果转化应用，能极大提升我们应对各类突发事件的能力，筑牢公共安全防线。

4. 小结

综合应急技术与装备的创新发展是实现应急管理能力现代化的根本保障，对防范化解重大安全风险、保护人民群众生命财产安全具有重大的现实意义。经多年发展，我国的综合应急技术与装备水平在巨灾耦合应对、应急决策指挥、应急救援装备等方面取得了一定的进展，但相比于世界领先水平仍需加强。现阶段，我国要加大科技投入力度，积极推进应急管理科技自主创新，依靠科技提高应急管理的科学化、专业化、智能化、精细化水平。进一步提升巨灾处置与防控水平，逐步完善应急救援数字化战场决策指挥体系，强化重特大灾害事故现场应急救援实战效能，实现快速精准救援，有效遏制灾难事故危害扩散，减少生命财产损失；同时，还要加强应急装备关键技术研发，提高突发事件的响应和处置能力，实现应急管理装备、应急处置与救援技术的智能化、协同化和自动化，以科技创新提升防范化解重大安全风险的能力，为平安中国的建设发挥应有作用。

（六）社会治理子领域

发达国家根据自身的体制特点，对智慧社会的科技创新进行了一定程度的融合，在感知预警、决策处置、科学监管、智慧服务等方面取得了一定成果。我国由于制度的优越性，各政法机构互联协作程度深、范围广，政法机关对社会安全的掌控范围更全面。

1. 感知预警

美国自 21 世纪初开始规划建设网络空间态势感知体系，已经拥有对社会动态情报的快速获取和分析能力。2015 年，美国企业家马斯克推出了由万颗卫星构成的“星链计划”，目的是扩大信息感知与传输系统的覆盖范围并提高其实时性。美国还启动了“大数据计划”项目，旨在解决海量网络数据的勘查、异常感知和预警问题，已形成较完整的信息感知、提取和分析体系。在感知预警方面，国外的司法领域已经开展了感知智能、认知智能相关的应用，较早就提出了建立空天地海一体化预警系统，实现了对现实空间和网络空间的全覆盖感知，有助于对社会事件态势做出感知预判。

我国已建设基于网络安全态势感知的信息安全应用平台，在公共安全感知预警系统建设方面初见成效，但是在社会安全事件智能感知系统方面的应用尚未成熟，态势预测预警研究尚未形成科学的体系，态势风险评估缺乏科学指标。

2. 决策处置

国外司法领域的信息化水平整体较高，信息基础设施完善。例如，以电子政府为核心，建立了安全有序合理的信息共享网络环境；司法机构办公系统基本达成数据的智能化、电子化，能实现一定程度的信息互动、信息共享以及资源整合。智能化技术在司法领域决策处置方面的融合较为成熟。在庭审中，人工智能可以帮助事实裁决者理解科学证据，促进了案件处置决策的有效性和公正性。美国国防高级研究计划局（Defense Advanced Research Projects Agency，DARPA）开展了大量自主机器人核心通用技术和基础性技术的研究。同期，英国发布了《人工智能：未来决策制定的机遇与影响》，对政府如何使用人工智能做出了规划与布局，其中包含政府部门使用基于人工智能的大数据技术协助决策。此外，美国和欧盟等着手建立以身份管理为核心的国家个人信息基础设施，致力于打造“数字政府”和与之配套的身份管理凭证体系。德国颁布的《促进法院法律事务往来电子化法》实现了法院文件的电子化，为信息技术在德国司法系统中的运用提供了良好的基础和条件。

我国云计算技术、大数据技术、人工智能技术已广泛应用于政法决策处置领域。例如，依托语音识别和机器翻译等关键技术，在巡回法庭、远程审判和裁判文书说理等领域取得了一批核心理论成果并研发了一批关键装备；针对辅助检察办案进行了局部技术应用探索，在涉诉信息服务、信访服务、信息系统集成评估等方面开展了系列工作；依托于“统一业务应用系统”，实现了检察办案业务全流程、全方位网上运行；警用机器人、警用非致命性装备、反恐处突等技术装备取得长足发展。

我国在技术路径和重点技术布局上与发达国家基本相似，但是在关键共性技术上与发达国家存在差距。例如，在刑事犯罪侦查技术方面，我国技术利用率较低，核心器件还需要进口，没有实现完全自主可控，存在受制于国外的“卡脖子”问题；安保系统的信息智能化程度还不够，在一些关键技术和国际装备技术发展方面存在较大的差距。

3. 科学监管

在科学监管方面，英国、新加坡、澳大利亚等相继推出“沙箱监管”计划，改善监管业务流程，对金融科技创新进行指引。在海关监管方面，荷兰海关推行契约式监管模式，对各国契约执行情况进行跟踪分析和评估，动态修订完善契约指标；澳大利亚海关实施“客户导向”战略监管，量化各项管理指标从而提高海关的整体效能。

在国内，北京市地方金融监督管理局构建了以区块链为底层技术的网贷风险监控系统；蚂蚁金服、新网银行等通过大规模数据云计算，建立起定量化的个人和企业信用评价模型；成都数联铭品科技有限公司（BBD数联铭品）采用人工智能、机器学习等技术自主研发红警大数据风险监测预警平台。

我国与英国、美国等发达国家在金融安全科技的研发投入和产品应用上并未显现出显著差距，但在监管科技的基础和核心技术，特别是芯片和操作系统上，仍然存在较大的缺失。在技术层面，还缺乏大数据的集成和存储规范；在制度环境层面，对大数据，如政务数据的共享和开放上还存在一定的滞后，存在着数据孤岛现象；在法律法规层面，对于大数据的收集、共享和使用过程中涉及的个人隐私安全等问题，还缺乏必要的明确界定和规范。

4. 智慧服务

在智慧服务方面，法国调集国家层面的“未来投资计划”是研究与创新领域的一项全面投资计划，旨在推广和提升法国在数字智慧化领域的应用能力，投资项目主要包括对基础研究项目、培训和技术转移的资助等[11]。英国已研制出基于人工智能的功能材料用于感知人类触觉，提高了可穿戴设备的轻便性和持久性。

发达国家在智慧服务方面较早取得了一定的科技创新成果，但是由于体制限制，技术分散、业务垂直、体系化利用不足，难以形成社会治理合力。我国智慧服务科技创新体系尚未健全、技术相对薄弱、部分关键技术与装备没有完全实现自主可控。在智慧教育方面，国内外教育科技领域的研究前沿基本趋于一致。在智慧体育方面，我国关于体育科技创新的完整理论体系尚未形成，具有自主知识产权的世界级重大创新技术装备有待研发。

5. 小结

随着感知预警技术向着实体空间和网络空间并行发展，互联协同技术向着广域、安全、专用的方向发展，决策处置技术呈现出新技术与业务的深度融合趋势，智慧服务向着智能化、人性化、个性化发展，我国社会治理能力与国际先进水平还存在着一定差距。

第二节　面向2040年的工程科技发展趋势及影响

一、面向2040年的工程科技的发展方向和趋势

（一）自然灾害防御子领域

1. 加强自然灾害孕灾机理研究

尽管气象灾害、地震灾害、地质灾害、海洋灾害及生物灾害等自然灾害的预测预报面临重大挑战，但自然灾害孕育、发生、发展到突变成灾的演化规律一直是科学界不断研究的关键问题。

近年来迅速发展起来的计算机技术、信息技术、遥感技术等为构

11　井家鹏. 法国发起国民数字化教育创新服务计划. 世界教育信息，2015，(18)：77.

建灾害的预测预报模型、监测评估提供了有力的技术支撑。数值天气预报、风暴潮漫堤数值预报、冰-海洋耦合模式等模拟技术的发展为自然灾害的预报预测做出了贡献，并在此基础上对模型进行检验评估和改进，提高了模式预报的可信度和准确率。基于大数据与人工智能技术的快速极端气候和自然灾害预报模型，展现出了可与数值模式媲美的预报能力，人工智能技术的引入或许能为灾害预报提供突破性的新方案。

此外，可以通过自然灾害情景构建推演，采用模型分析等手段为自然灾害的快速评估提供背景分析。美国地质调查局降低风险的科学技术项目计划多年来已经完成了加利福尼亚州地震、暴风雪和阿拉斯加地震等几个重要情景构建和推演的案例。

在未来15—20年，进一步探索灾害成灾机理、发展灾害预测评估模型仍是防灾减灾的重要工作。

2. 建立健全监测网络

针对全球重点地区自然灾害多发、重发的问题，迫切需要建立多源信息融合的灾害实时监测网络系统，对灾害的发生、演变、发展进行实时监测和评估。地球综合观测系统的持续优化必将提升我们对突发自然灾害的全面认知能力。为此，应着力打造“空-天-地-深”一体化的灾害监测体系。一方面，增加以重点区域多波段雷达为主的精密监测和以地基遥感协同为主的大气廓线精密监测系统，基本实现中小尺度灾害性天气实时组网探测。另一方面，借助新型观测仪器，调整完善地面站布局，发展飞机探测、人机探测、系留气球、飞艇和火箭探空等新型高空探测业务，并增强卫星探测技术的支持。

在未来的15—20年，需要针对防灾减灾和应急服务的需求，加大监测技术的研发和投入力度，有针对性地加强对不同种类自然灾害的监测技术和手段的研究，以及加强监测网络平台的建设，并在国家的统一组织协调下，逐步建立灾害综合监测网络和平台。

3. 构建高效的灾害预警系统

灾害预测预警系统在前端需要整合大量的多灾种、多类别的预警信息，而在后端则需与全社会各相关部门的发布、传播手段和渠道相融合，但目前部门内外尚未建立权威、统一的预警发布法规标准体系。在未来的15—20年，我国应依托国家预警信息发布中心以及建立的纵横贯通的预警发布管理平台，增强多手段、新媒体发布渠道的对接应用，建立县级发布管理平台，提高县级预警信息发布能力，建立健全预警信息发布法规标准体系等。

建立健全灾害预警和应急联动机制，增强灾害预警的先导性和智慧性，实现自然灾害的防御从单灾应对到多灾种全灾种监测、全时域响应、全行业研判、全周期服务、全方位赋能和全民参与的"六全"综合统筹应对转变。

（二）事故灾难防范子领域

1. 资源开发及储运新常态给事故灾害防范带来新挑战

随着国民经济发展的深入和社会现代化水平的提高，国家能源、资源和各类快速供给需求提升，矿山资源开采深度，危险化学品生产运输规模，航线、城市建筑、油气及地下管网密集程度等均有大幅度提升。在资源开发及储运新常态下，生产安全方面的事故灾难仍时有发生，造成大量人员伤亡。同时，全球目前处于资源开发极大利用的状态，各国都需要对资源进行加工生产以满足各国工业需求。对于油气、矿产等天然资源，供需结构极其不平衡，导致资源竞争在各国之间愈演愈烈。

2. 高端预警防控技术突破支撑事故灾害防控能力提升

事故灾难防范领域的技术和理论发展，逐步呈现出生产过程智能化、监控预警实时化、防御防控主动化、应急救援技术和装备高精尖化的趋势。

在矿山灾害防控方面，更加注重致灾因素的事前动态探测，灾中的灾情侦测、灾变环境应急通信，灾后的灾害救援，以及深部矿产开发时的新型耦合动力灾害的防治、典型低渗煤层瓦斯抽采、煤尘隔爆抑爆技术、自燃发火防控、高温制冷等方面的关键技术突破。

在危险化学品事故灾害防控方面，关注重点由单一危险化学品事故，转向化工园区多灾害（地震、台风、风向、雷电、海潮等）耦合定量风险评价技术、化工园区多灾害耦合事故，注重化工园区多灾害耦合事故应急推演和决策、化工园区本质安全，以及各类有毒及易燃易爆化学品泄漏高灵敏快速检测预警及近远程雷电预警和应急处置等方面。

在城市火灾及地下空间灾害防控方面，重点关注城市火灾、地下空间管廊及油气管网地磁暴灾害、管道杂散电流的灾害机理、发生发展规律、风险评估、险情预报、关键数据获取，油气管道缺陷快速检测、风险预警与快速维修。

3. 智慧化应用支撑事故灾害监测预警防控方式转型

目前，随着人工智能、“互联网+”、“5G”技术、大数据以及各种先进传感器的快速发展，传统矿山、危险化学品、油气管网等领域在监控、预警、决策以及险情处理等方面的技术设备，正加速朝着自动化、智能化、精准化方向迈进。城市火灾及地下空间安全探测与分析技术进入智能化、实时化时代，其中城市火灾高危场所的消防安全智慧化水平显著提升，火灾风险智能评价、火灾监测与智能预警防控体系不断完善。同时，以道路地下病害快速探测、地铁隧道安全隐患综合探测、地下管网安全探测为代表的先进仪器装备不断涌现，显著提升了危险化学品、矿山、城市火灾及地下管网等重点领域的安全生产风险防控、应急救援装备技术水平，实现了事故灾害的“精密监测、精确预警、精准防控、高效救援”，增强了全社会灾害事故风险综合防范能力，从而保障了人民生命财产安全与国家安全。

（三）重大疫情防控子领域

1. 建立更强的重大疫情监测预警系统

增强重大传染病和突发公共卫生事件早期监测预警能力是建立健全公共卫生体系的当务之急。充分利用大数据和人工智能科技创新手段，建立重大传染病多尺度时空传播风险的全景态势感知、预测与防控决策平台，针对潜在出现的典型疫情情景，实现高精度、高仿真的模拟演练，并对各类防控策略组合效果进行推演评估，优化防控举措。

2. 流行病学调查和风险评估能力建设

在流行病学调查过程中，需突破流调数据的无接触自主交互采集、基于知识引导的流调信息智能解析和关联挖掘、时空协同的突发传染病事件快速识别与溯源、流调全流程数据隐私保护与安全共享等关键技术瓶颈，构建时空协同的疫情信息关联图谱，实现疫情信息的高效关联，并形成信息安全共享框架。同时，应充分利用大数据和人工智能技术，搭建一个针对重大传染病多尺度传播风险的综合态势感知、预测和决策平台。该平台要具备高度精细且贴合现实的模拟能力，能够评估各类预防和控制策略的有效性，进而优化干预措施。整合这些技术与应用，完善疫情防控方式，是未来疫病防治领域的重要趋势。随着智能主动监测和预警技术、重大传染病预测模型的研发，以及城市和城市群重大疫情社会化防控体系的构建，疫情防控能力必将得到有效提升。

3. 实验室检验检测能力建设

新冠疫情大流行突显了准确和及时检测传染性病原体的重要性，特别是对各级疾控中心的检验检测技术能力提出了挑战。基于核酸的病原体检测一直是识别新冠病例和监测其传播的关键方法，病原体检测的准确性和及时性直接关系到疫情防控措施的有效性。因此，需要提高病原体检测的准确度与时效性，以确保公共卫生部门能够获得可靠和高效的检测方法，以及时采取应对策略。

4. 应急处置能力建设

为加强疫情防控，各级疾控部门解决战备转换水平滞后、应急反应速度慢的问题至关重要。面对未知传染病，未来需做好“平战结合、预防和应急相结合”，制定和实施传染病管理规程，进行常规监测和监控，完善国家医疗战略物资储备体系，开展健康教育以提高全民健康素养，稳定支持药物疫苗研发、检测技术和产品、病毒病原学等方面的基础研究，需要采取积极的跨部门协作和政府与社会的协同行动来控制传染病的传播，并投资新疗法和疫苗的研发，以确保应对措施的有效性和协调性，为科学应对新发传染病做好准备。

5. 信息化和大数据应用能力建设

当今，大数据、人工智能、云计算等信息技术的进步在支持疾病防控工作中发挥着关键作用。这些技术为疾病防控信息技术的建设和应用提供了技术支撑。通过将传染病监测系统与这些前沿技术相结合，可以建立一个高效的传染病监测、预警、报告系统。这将有助于实现对传染病的即时识别和报告，推动迅速响应机制的建立和采取遏制措施，防止疫情进一步传播。此外，这些技术的使用可以帮助分析大量的数据，从而识别出模式、趋势和潜在的疫情暴发，有助于预测并做好未来应对流行病的准备。它还可以协助制定更精确和个性化的治疗和预防策略，提高疾病预防和控制工作的有效性。总的来说，将大数据、人工智能、云计算和其他信息技术整合到疾病预防和控制工作中，在提升公共卫生的成效、构建更强大且更具韧性的医疗保健系统方面，展现出巨大的应用前景。

（四）安全韧性城市子领域

1. 建设韧性城市成为安全工程科技发展的核心领域

韧性城市理念强调用系统化的视角提升城市系统对各类外部压力

的应对、恢复和学习适应能力，促进灾害应对从事后处置为主转向事前预防、事中应对、事后恢复的全过程治理。作为城市系统应对各类风险挑战的最佳形态，韧性城市是城市实现长期可持续发展的基础与保障。到 2040 年，构建韧性城市将成为全球城市安全建设的主要目标。

韧性城市建设需要加强制度整合与协调，提高科学防灾减灾能力。韧性城市建设与应急管理制度体系和能力建设紧密结合，有助于丰富和完善韧性城市建设规划、评估标准和技术体系，全面提升城市的韧性和安全性，保障可持续发展。

韧性城市建设需要加强硬件体系建设，锻造韧性城市运行的基础，将韧性城市思维贯穿规划、设计、建设、管理和运维的全过程。在防灾方面，从建筑抗震、抗洪、抗风的传统设计思维方式向适应性、可恢复性设计思维转变，尽可能减轻灾害对建筑物造成的损伤。加大对城市安全风险监测预警技术的投入，形成高端监测传感技术、人工智能分析技术、决策可视化支持技术支撑下的城市风险感知体系，提升城市监测预警、风险评估和信息服务等能力，可更好地助力城市防灾减灾救灾工作。

2. 高端监测传感技术成为提升城市韧性能力的关键技术

高端监测传感技术是实现城市安全态势感知的基础，也是全球范围内提升城市韧性能力的关键工程科技发展方向。高端监测传感技术加强了城市对安全风险的监测、感知、分析和预警能力，可以有效识别不同风险源的发生和演化情况，是城市安全应急能力发展的基础。

发达国家高度重视高端监测传感技术的发展和风险感知系统的建设，已经研发并部署了涵盖燃气、供水、排水、热力、桥梁、轨道交通等城市生命线系统的安全监测网络。该网络集成了上百种物联网传感器，实现了对城市运行过程中各类数据的实时监测，可以快速识别安全风险，大大提升了城市安全预警能力，从而构建了一幅城市安全感知全景图。

发达国家高度重视安全传感器芯片产业链的发展。欧美多个国家建设了安全传感芯片专业化研发平台，为安全传感芯片设计、制造、封装、测试及专用传感器提供研发试验条件，重点研究安全传感芯片的设计、生长技术和制造生产及封装工艺，开展安全传感芯片性能测试及器件评价，具备根据不同传感需求研发相应传感芯片的能力。到 2040 年，高端监测传感技术将成为安全韧性城市的关键技术支撑，并成为各个国家产业链竞争的核心标的。

3. 建设智慧韧性城市成为全球工程科技发展新趋势

智慧城市是将新一代信息技术充分运用于城市系统运行的基于信息和知识创新的城市信息化高级形态，是全球城市发展的关键技术方向。

以韧性城市为基础向智慧城市延展，打造平战结合、软硬交互的统一体，建设成为融合日常运行下“智慧”和灾害情景下“韧性”的未来城市是城市建设的新趋势。“智慧-韧性”城市将智慧城市和韧性城市有机结合，运用大数据、人工智能、城市信息模型、决策模型实现城市运行管理的平战结合。平时可通过智慧城市建设的各类感知设备和智能基础设施实现城市运行状态的感知和精细化管理，紧急情况发生时可实现灾情态势实时感知、远程应急指挥、资源快速调度和灾后快速恢复的闭环管理，使城市防灾管理更加智慧化，应急决策更加科学，增加城市面对各类灾害风险的韧性。

到 2040 年，智慧韧性城市的工程科技发展重点将是通过云计算、大数据、互联网、人工智能等信息化技术推动“智慧应急”的建设，提高城市重大风险感知的灵敏度、风险研判的准确度和应急反应的及时度，逐步实现风险监测预警、应急指挥保障、智能决策支持、公众自救互救和舆情引导等应急管理能力的快速提升。科技的发展将成为新型智慧城市高质量发展的“智慧防线”和有力保障。

（五）综合应急技术子领域

1. 信息时代催生新型应急管理技术

人类社会已进入泛在感知、高速连接、高效计算、规模存储、共享智能的数字时代，以大数据、云计算、人工智能、区块链等为代表的网络信息技术加速迭代、集成突破，泛在网络可与空间、地面或其他随遇接入等设备通过网络进行全面融合，实现人与机器、机器与机器、机器与物体之间在任何时间、任何地点的应急通信联络，实现社会各系统的有机连接。

到2040年，应急管理系统将充分与新一代信息技术的巨大变革融合。云计算、人工智能、灾害仿真模拟、虚拟现实与增强现实、数字孪生与地理信息系统等技术深度应用，具备对可能发生灾害风险的等级进行智能评估的能力，能够为未来灾害和应急管理机构提供技术服务，形成先进的应急管理体系。能够超前预测风险，精准分析风险覆盖的范围和伤害的等级；灾害发生时有能力协助人类综合研判，最大限度地发挥应急管理的作用。世界高新技术产业企业将会充分地融入安全应急管理的“各个角落”，通过与企业-企业、政府-企业甚至是国家-企业的合作，建立以人工智能为技术依托的新型应急管理体系。

2. 新型数字基础设施对应急管理的全过程支撑作用

在应急管理的全程监测、事先预防、应急响应、恢复重建等全过程各环节中，新型数字基础设施和数字平台搭建是大数据技术和决策系统发挥效能的基石。基于长期观察和预测，利用大数据分析和先进技术计划完全实现对即将发生的天气事件进行测绘和预警，在数小时内对紧急情况做出响应的功能已经成为未来趋势。同时，地理空间信息能够促进对多种灾害的风险预测与灾后恢复。未来，通过与当地大数据中心更智能地共享信息，并运用高吞吐量计算和数据突变位置定位，将能够对风险位置做出精准的决策，从而实现确定到达风险位置最佳路径的目的。

到2040年，各国将愈发重视将信息技术与多部门协同耦合应用于应急工作。这一趋势面向多学科、跨部门、跨区域，并具备国际导向性。其目标在于，未来能让所有安全参与者协同合作，向全球范围内的合作伙伴提供安全及应急战略支持，高效处理危机与风险。以最大限度部署新技术为愿景，持续提升社会韧性。各国将进一步开展更高层次的自然风险类数据共享，构建一套可无缝接入全球各国的数字化系统，从而更有效、高效地开展应急管理工作，以及进行应急数据分析与预测。新的技术将具备采集、汇聚、处理海量多源结构化或半结构化数据的能力，突破应急管理业务信息孤岛，推进应急管理常态化、扁平化、网格化，同时促进跨组织、跨部门、跨机构的统筹协调和协同作战，整合优化应急力量和资源，打破职能部门管理边界，实现更加有力的综合协调，推动应急管理从重视事后的应急响应转向事前的风险防范，从传统线性“流水作业”模式转向包含减缓、准备、响应、恢复活动的全流程闭环模式，构建“以防为主、防抗救相结合”的应急管理体系和“多灾种、大应急、大救援”的应急管理格局，实现更加有效的社会治理。

3. 智能化在应急管理的广泛应用

云计算、大数据、新一代人工智能、空天地一体化网络、5G、工业互联网、物联网等新兴技术的应用将贯穿应急管理全流程，达到更透彻的感知、更广泛的互联互通、更深入的智能化应用，形成数用分离、智能驱动的应急管理体系，实现全灾种、全链条、全要素、全周期灾害事故的动态监测预警、综合风险判识和评估、高效处置救援和精准信息保障，充分满足大震大灾后“断路、断网、断电”等极端条件下和高寒、高温、高湿、水下、井下、原始林区及城市深层地下等复杂环境下的应急实战需求。

如今，各行各业正在目睹人工智能如何改变人们的工作、出行、生活等众多方面。在应急管理方面，人工智能未来可以帮助预测、评估和模拟事件，缩短响应时间和简化资源调度流程。

到2040年，人工智能将被广泛地应用于灾害评估和损失估计，为城市的每一个元素都分配独特的、经过验证的“数字指纹”，对整个系统进行建模，并监测每次灾害和气候变化对一个地方的影响。同时，人工智能还协助不同的城市机构汇集和分析信息，明确面临的挑战并改善协同决策过程，同时争取第三方（如医疗保险公司和医疗诊所）对非紧急事件的帮助。

进一步总结并升华从现有技术变革中积累的丰富经验，包括典型案例、翔实数据等，以此催生新的技术革命。未来将利用技术革新对现有技术和产品进行升级换代，通过软件架构、硬件控制等方式搭建更加现代的应急救援体系。随着智能化的发展与不断提升，越来越多的新型智能救援装备将被纳入到现代化的救援体系中。这些装备在具备自主研判能力、自主行动能力的同时，将更大限度地减少甚至避免在救援过程中引发救援人员事故。

（六）社会治理子领域

1. 智能泛在感知网络及时精准预警

在智能预警方面，发达国家使用智能化传感设备对各类信息进行全覆盖感知，并对各类事件进行态势预判。美国国防高级研究计划局启动了“媒体取证”及“语义取证”项目，旨在开发自动检测、定性和表征各种类型“深度伪造”内容的算法，严防“深度伪造”带来的安全风险。日本从2019年开始全面进行信息技术在犯罪调查中的应用，通过智能监控实现可疑人员自动追踪。德国、法国等欧盟国家研究利用大数据和人工智能技术，分析违法数据，并利用特定区域的社交数据预测某种类型违法行为的多发区域。

2. 万物互联推动治理向“智理”转型

国外针对多源信息互联互通、安全可靠传输以及业务协同的需求，建设了通用和专用的信息共享系统。美国设立了第一响应人员网络管理局，专门负责警务专用移动通信网络顶层设计规划与建设，并实施了数百个基于大数据的大规模监控项目，实现了多个情报执法机构数据库的无缝连接和协同共享。2017年美国率先提出“电磁频谱战”的新概念，以维护其对电磁频谱的控制权，确保感知信息的精确获取、安全传输与高效共享。日本在公共安全移动通信网络方面分配了专用频谱，并已开始建设全国性公共安全宽带专用移动通信网络，保证了共享文件和数据的安全传输。

3. 信息技术促进司法行政职能提升

国外利用大数据和云计算等前沿技术，在辅助判案、立法评估、社会治理、打击犯罪等方面开展应用。法国借助大数据工具的“预测性司法”（Justice Prédictive），早在2017年就已进入了法国法院系统的视野[12]。英国司法行政机关通过分析电子案卷预测人的行为模式以降低犯罪率和再犯率；监狱利用射频识别（radio frequency identification，RFID）技术实现了身份识别唯一性。日本研究运用电子通信技术实现审判手续的现代化，法院通过在线庭审系统集成各种应用程序实现了文档共享和同步编辑、在线会议和电话会议，支持通过互联网进行民事诉讼。美国联邦法院实现了大量法规文档的自动化流转。美国证券交易委员会以市场风险评估为重点，通过人工智能发现潜在的欺诈和监管部门的渎职行为。美国企业推出智能化的网上纠纷调解服务平台，旨在解决房屋租赁、小额赔偿、一般债务和建筑工程纠纷等问题。欧盟通过建立公共服务平台，为消费者提供了网络购物纠纷的调解服务。

4. 智能化服务在法治领域充分赋能

国外开展了智能化和个性化的公共服务，如精准普法、法律援助等智慧服务。美国联邦最高法院提供了人工智能律师ROSS、法律智能

12 张妮，徐静村.计算法学：法律与人工智能的交叉研究. 现代法学，2019，41（6）：77-90.

问答机器人 DoNotPay 等诉讼服务。美国多个城市采用物联网技术将城市的所有资源数字化并连接起来，通过监测、分析和整合各种数据智能化响应市民的需求。

二、面向 2040 年的世界相关领域经济社会发展状况

（一）自然灾害防御领域

广泛应用卫星遥感技术和 GPS 定位技术，构建起自然气象灾害监测预报体系，推动信息化产业发展。应用卫星主要涵盖四大领域：卫星通信与广播、卫星导航、卫星遥感、卫星地面综合应用。卫星通信与广播业务类型主要包括民用卫星固定通信、卫星移动通信、卫星广播通信，应用于灾后应急通信；卫星导航定位系统提供高精度、全天时、全天候的导航、定位和授时服务，为自然灾害监测预警平台提供时空基准信息资源；卫星遥感技术通过对地球表面和低层大气进行光学观测，以获得气象、海洋、资源、环境等数据信息并生成相应产品；卫星地面综合应用领域是指应用多种手段为用户提供天基信息支持，提升空间信息共享能力，并确保各种综合应用系统快速、灵活地到达最终用户。

（二）事故灾难防范领域

基于实时通信技术、先进传感器、大数据及人工智能，在事故灾难防范领域形成以下产业：①重点行业领域安全防护装备产业，如煤矿井下粉尘智能消纳技术装备、控制呼吸性粉尘的智能定向喷雾降尘关键技术装备、正压式防尘口罩等职业病危害防护相关装备；②基础设施智慧感知产业，结合前端高精度传感器设备与后端机器学习相关算法，实现煤矿隐蔽灾害、地下管线探测，有害气体监测，道路桥梁压力监测，危险品浓度监测等的精细化、智能化感知体系；③综合监测与智能预警平台，包括集城市火灾、地下管网灾害、煤岩瓦斯动力

灾害、火灾、水灾、危险化学品泄漏等重大灾害于一体的自动监控与智能预警平台；④应急处置与救援装备产业，包括灾变环境通信保障技术装备，灾情实时感知、灾后快速逃生避险保障技术装备，应急生命通道快速构建技术与装备等。搭建完整的国家事故灾害防范产业链和防控平台，实现事故灾害的实时监测防控。

（三）重大疫情防控领域

新冠疫情后，与重大疫情防控领域相关的产业迎来了发展机遇。①医药行业。短期防疫物资、装备、设备器材以及耗材、疫苗、诊断试剂、医疗器械、健康检测设备等将迎来新的发展。②医疗服务行业。智慧医疗、互联网医疗、5G远程诊断、在线问诊、超算药物开发平台等发展前景广阔。③医疗废物处置行业。医疗废物处理是疫情防控攻坚战的最后一道防线，各级各类医院的医疗废物处理不当很容易出现二次污染，甚至引发病毒传播。为此，国家及地方环保部门专门召开会议并发文，强力推进疫情防控环保工作，全力支持和督促地方做好医疗废物处理处置工作。④健康体检行业。随着无症状新冠排查与高风险人群筛查的进行，健康体检将迎来慢病疫病早筛早查的发展机遇，智能定制化线上线下协同服务将是未来健康体检的新业态。到2040年，全球公共卫生应急体系将取得重大进展，包括整合法定传染病智能主动监测和预警技术，研发突发传染病事件智能快速流调技术，建立重大传染病精准预测模型，在城市和城市群推行重大疫情社会化防控体系。采取这一系列举措旨在建立一个更加高效的公共卫生应急体系，能够快速准确地识别和应对传染病疫情，保障公众健康。

（四）安全韧性城市领域

到2040年，全球将建成一批韧性城市，实现城市感知实时化、集成空间化、表达动态化、决策科学化、管理智慧化和运行安全化。不断拓展传感技术网络，实现对大气、园林、湖泊等自然环境，道路、地面设施、地下管网等城市基础设施以及汽车、食品、药品等流动物品的实时管控，对城市人口的实时管理和服务，同时使城市中的安全基础设施形成网络，全面实现城市人、物、信息三元空间的统一与融合。

在此背景下，以安全传感芯片为代表的监测传感设备研发与生产将成为重要产业支撑。形成一批高水平的安全传感芯片专业化研发平台，包括安全传感芯片的设计、制造、封装、测试等全流程，具备根据不同传感需求研发相应传感芯片的能力，为发展安全产业提供核心芯片保障和关键技术支撑。通过韧性城市中“空-天-地”多维度及“物-化-生”多领域、大场景牵引，布局产业链，加快产业集聚发展，使监测传感制造技术和产业化将迎来良好的发展机遇。

2040 年智慧韧性城市将成为现代城市的新形态，新一代电子信息产业成为重要支撑。依托于互联网、物联网、大数据、云计算、空间地理信息等现代信息技术产业，针对信息安全、火灾安全、交通安全、医疗安全等典型城市安全应用场景进行软件产品开发，形成一批专业性的智慧-安全系统，全面提升城市韧性水平。城市运行将更加高效、安全、通畅，人类生活质量和生活水平将达到前所未有的新高度。

（五）综合应急技术领域

运用 5G+AICDE（即人工智能、物联网、云计算、大数据、边缘计算）等现代化信息技术打造“智慧应急综合应用平台”，为自然灾害，安全生产的监测预警、监督管理、应急救援、资源调配，灾后救助、事故调查等业务提供完善的信息化支撑，构建“统一指挥、专常兼备、反应灵敏、上下联动、平战结合”的应急管理体系。随着技术的不断进步，可视化不但可以为救援人员提供信息技术支持、决策服务，还能够综合利用无人技术进行救援，减少更多的经济和人员损失。

同时，借助先进的技术手段，形成大数据一张图，部署感知和应急通信两张网，打造信息传输的桥梁。此外，还可以利用5G大带宽、低延时的网络特征，开展虚拟现实应急培训演练，模拟真实环境下的突发事件应急救援场景，节省演练成本，节约演练时间。

（六）社会治理领域

从我国社会治理的实践来看，社会力量已开始承担部分公共服务供给、文化产品输出、市场监管并参与管理网络社会和现实社会的相关职责，成为基层社会治理体系的重要部分。深入挖掘与运用基层治理资源，使多元治理主体联结成为“紧密、互动、高效”的基层社会治理共同体，实现“赋能型治理”。在这一过程中，紧密的利益联结是实现多元主体合作共治的关键因素。因此，城市社会治理必须围绕构建新发展格局，将安全发展贯穿其中，以推动城市经济社会高质量发展为目标，坚持以人为本，问需于民、问计于民，加快城市社会治理从传统治理向大数据时代的精细化治理转型升级。协调好发展和安全的关系，从而以新发展格局推动城市社会治理取得新成效，进而打造我国城市安全发展的新优势，铸就新辉煌。

第二章　2040年平安中国与社会治理领域科技和社会发展愿景及需求

第一节　2040年平安中国与社会治理领域经济社会发展预测及需求

一、2040年社会经济情景预测分析

党中央、国务院高度重视安全科技创新工作。近年来，在全社会的共同努力下，安全科技创新工作不断取得新进展，应急救援效能显著提升，安全生产水平稳步提高，科技支撑防范化解重大安全风险能力明显提高。针对危险化学品、矿山、消防、交通运输、城市建设等重点行业领域的重大安全风险，专业化、智能化监测预警系统有效降低了各类事故的发生概率，特别是较大事故和重特大事故起数显著下降。在全灾种、大应急的任务下，先进、特种、专用救援装备的研发力度不断加大，并在灾害事故防控和救援中逐渐得到检验应用，推动实现安全科技创新由被动应对向主动保障的转变。

根据国家能源局统计数据，2013—2023年，我国一次能源生产总量累计增长35%，原煤生产能力持续增强，原油产量保持在2亿吨水平，电力装机、天然气产量实现翻番。风力发电装机增长了近5倍，光伏发电装机增长了30多倍。2023年，可再生能源发电新增装机超过全球的一半，累计装机规模占全球比重接近40%，全国人均生活用电量翻了一番。[13]能源

13　廖睿灵. 人均生活用电量增至近1000千瓦时. https://www.nea.gov.cn/2024-06/28/c_1212375938.htm [2024-06-28].

研究院（Energy Institute）发布的《世界能源统计评论 2024》显示，我国是全球最大煤炭消费国和第二大石油消费国，由此带来的巨灾重灾、复合灾害事故不断增多。未来 20 年，全球气候变暖的趋势尚未改变，我国工业化、城镇化还将持续高速发展。

（一）自然灾害防御子领域

我国自然灾害种类多、分布地域广、发生频率高、造成损失重。在全球变暖大背景下，各类自然灾害交织发生、影响叠加，增加了防灾减灾救灾工作的复杂性与艰巨性。针对我国自然灾害领域风险防控的现实与需求，到 2040 年，预计建成科学技术先进、全面快速有效的自然灾害风险防控工程体系。第一，织密空基、天基、地基三位一体的综合地球信息观测网络，建立灾害监测评估和情景模拟基础性大数据库，将大气科学规律的研究与现代信息技术紧密结合，实现灾害潜势、发生、演变的实时、多源信息融合的综合监测与评估。第二，针对国民经济各行业的精细化需求，加强气象与多领域深度融合，研发标准化灾害预报预警产品，构建动态风险的评估系统和应对防御服务体系。第三，推动自然灾害防治能力提升工程建设，提升洪涝干旱、森林草原火灾、地质灾害、气象灾害、地震等自然灾害防御工程标准。第四，推动防灾减灾救灾工作法治化、规范化、现代化水平显著提高，提升气象防灾减灾救灾能力、全球气象灾害治理的中国贡献力和影响力，与基本实现社会主义现代化的要求相适应。

（二）事故灾难防范子领域

到 2040 年，矿山、危险化学品、城市火灾及地下空间安全仍将是我国安全生产工作的重点领域。

在矿山安全方面，我国将处于油气替代煤炭、非化石能源替代化石能源的双重替代期和能源结构优化攻坚期，煤炭的比重将由 2015 年的 65.1%下降至 2035 年的 45.7%，石油的比重将由 17.3%下降至

16.3%，天然气比重将由 6.0%上升到 14.5%，非化石能源的比重将由 11.7%上升到 23.5%[14]。煤炭、石油和天然气比重仍然占主要份额，其生产、经营、运输、仓储、使用和回收等环节的风险依然存在。特别是，随着能源需求量的增加，煤矿开采深度以每年 8—12 m 的速度增加，煤矿进入深部开采时代，高地应力、高瓦斯、高地温、高水压、隐蔽致灾等因素为矿井围岩控制、突涌水治理、防灭火、热害治理等带来了新的挑战。到 2040 年，预计继续加强矿山深部开采与重大灾害防治等领域先进技术装备的创新应用，实现机械化、自动化、智能化开采以及危险岗位机器人替代，新一代信息技术在矿山隐蔽灾害探测、灾害预警与防控、关键技术自主创新能力方面的应用广度和深度都会显著提高。

危险化学品安全方面，我国危险化学品安全管理平台将形成一体化监控预警网络体系，实时采集危险化学品的生产、经营、运输、仓储、使用和回收等环节的流通信息资源，为危险化学品相关监管部门提供数据支撑及决策支持。依托于各种新技术、新装备的危险化学品本质安全技术将为化工企业提供准确、快速的应急科技支撑，使得灾害事故死亡人数大幅度降低。到 2035 年，建筑工程及地下空间方向，城市化率预计将提升至 74%，大城市的规模和数量都将增加，城市人口将增加至 10.6 亿[15]，城市建筑工程和地下空间规模将进一步扩大，以城市轨道交通、综合管廊、地下停车场为主导的城市地下空间开发直接投资规模约为 20 万亿元。

城市火灾安全方面，到 2040 年，预计我国将逐步实现建造智能化、信息化和数字化转型，将推动专业协同设计、参数化建模、服役阶段智能化安全诊治、全生命周期安全监测与评估等领域实现快速发展，促进建筑业质量加快提升、结构优化、火灾防控升级转型。

城市地下空间安全方面，到 2040 年，预计以道路地下病害快速探

14 曹湘洪，袁晴棠，刘佩成. 中国石化工程科技 2035 发展战略研究. 中国工程科学，2017，19（1）：57-63.

15 陈玉宇、王雨露.《研究简报》第 130 期 2035 城市发展新格局（下）. https://www.gsm.pku.edu.cn/thought_leadership/info/9319/2475.htm[2023-06-11].

测、地铁隧道安全隐患综合探测、地下管网安全探测为代表的先进仪器装备将不断完善和发展，城市地下空间安全探测的深度将达到 100m 以上，地下空间安全探测与评价体系不断完善，持续实现地下空间安全探测的智能化和实时化。

（三）重大疫情防控子领域

世界上存在的病原体种类繁多，绝大多数病毒、细菌是未知的，人类研究的病毒和细菌，尚不到自然界存在的病毒和细菌种类的 1%。[16] 伴随着新的病毒不断出现，以及社会活动和国际交往的频繁，时间空间的紧密联系、城镇化进程的加快都会加快传染病传播，因此对监测预警系统提出了更高的要求。绝大多数新发传染病与野生动物有关，因此，需要开展对不同地区不同种类野生动物携带细菌、病毒、寄生虫等的研究和调查，建立病原体识别网，实现传染病防控的关口前移，防范重大新发突发传染病，集中优势资源攻关新发突发传染病和生物安全风险防控。到 2035 年，实现增进民生福祉、全面建设健康中国以及人与自然和谐共生的目标。开展“一带一路”共建国家医疗卫生和传染病防控合作，参与重大传染病防控国际合作，推动人类卫生健康共同体的构建。

（四）安全韧性城市子领域

近年来我国城市灾害频发，经历了许多极端天气灾害（如“7·20”郑州特大暴雨事件、“10·5”山西暴雨事件、“11·13”浙江丽水山体滑坡事故等），引发了内涝、山洪和地质灾害，严重威胁到了城市系统韧性。从世界范围来看，由于全球性新冠疫情的大暴发及其给全球城市带来的严重冲击，韧性城市建设从未如此紧迫。基于此，面向 2040 年，预计从更宽领域、更高层次防范“黑天鹅”“灰犀牛”等城市风

16　徐建国. 创新微生物资源研究，保障国家生物安全. 中华实验和临床病毒学杂志，2021，35（5）：482.

险，确保城市居民的生命财产安全和城市运行安全，成为全球城市共同的职责和愿景。通过拓展城市空间韧性、提升城市工程韧性、提升城市管理韧性和培育城市社会韧性，使城市具备在逆变环境中承受、适应和迅速恢复的能力。从全球风险社会发展的新特点、新趋势出发，厘清韧性城市更广义的理论内涵，审视全球各大城市的韧性建设实践经验，寻求中国韧性城市建设的路径对策。

（五）综合应急技术子领域

面向2040年，我国综合应急技术领域将重点围绕巨灾耦合应对、应急决策指挥、应急管理装备三个方面进行聚焦。

在巨灾耦合应对方面，结合我国巨灾风险的实际特点与发展趋势，预计进一步聚焦灾害事故防控基础问题，加强巨灾耦合基础理论研究，提升巨灾处置与防控能力，积极推进巨灾应急管理体系和能力现代化。将重点围绕巨灾耦合致灾机理、多灾种耦合机制和灾害链复杂演变机制、因素耦合效应分析、多灾种耦合仿真模拟技术、灾害次生衍生的临界条件与预测方法、多灾耦合演化机理与动力学演化模型研究、多灾耦合风险评估研究、事故灾难风险防控技术、跨类复合灾害事故重现与应急救援演练技术、灾害耦合平台大数据分析集成技术与大规模计算技术、应急辅助决策技术等方向开展技术创新研究，为“中国情景”下的巨灾应对提供技术保障与支撑，促进我国巨灾应急管理体系的不断完善和优化升级。

在应急决策指挥方面，预计将以建设应急救援数智化战场决策指挥体系为重点，以提升“精准救援、科学救援”指挥能力为目标，综合运用战术互联网、物联感知、边缘计算、融合通信、智能指挥等新技术，建设以应急战术互联网为骨干，以智能化指挥调度平台为核心，以装备物联网为神经的重特大灾害救援数智化作战决策指挥体系，实现战场要素数字化、救援态势可视化、指挥调度扁平化、救援行动协同化。重点围绕数智化战场应急指挥技术、应急现场数字化重构与态势感知技术、通信融合与应急战术互联网技术、应急情报分析与智能辅助决策技术等技术创新发展，积极推进应急管理科技创新，为应急事业提供全面技术支撑，不断强化重特大灾害事故现场应急救援实战效能，实现快速精准救援，有效遏制灾难事故危害扩散，最大程度地保护人民生命健康，减少财产损失。

在应急管理装备方面，以科技为支撑推进应急管理装备能力现代化，强化应急管理装备技术支撑，优化整合各类科技资源，推进应急管理科技自主创新，加大先进适用装备的配备力度，加强关键技术研发，提高突发事件响应和处置能力，依靠科技提高应急管理的科学化、专业化、智能化、精细化水平。着重加强监测预警装备、应急处置与救援装备两大类技术的研发与应用，将在空天地一体的灾害复合探测与精准预警核心技术、复杂应急现场处置与救援关键技术及智能化高效能装备、极端复杂环境下的个体防护技术装备、灾害事故环境下群体疏散疏导技术系统与装备、极端复杂环境下受困人员的感知装备、生命救护技术与装备、灾害事故处置救援装备、现场保障技术与装备、应急装备标准体系等研发领域取得重大突破，实现应急管理装备、应急处置与救援技术的智能化、协同化和自动化。

（六）社会治理子领域

《中共中央关于制定国民经济和社会发展第十四个五年规划和二〇三五年远景目标的建议》提出，到2035年我国人均国内生产总值达到中等发达国家水平。未来，世界将进入空前密集的网络社会时代，网络社群数量将大幅增加，大数据驱动的社会治理新模式需要不断创新，虚拟社会治理、网络监管与舆情监测等议题成为热点，利用网络空间开展新型犯罪、涉恐活动的风险大大增加。为适应未来社会发展的新趋势，社会治理子领域将会在风险感知、科学决策、社会安全应急处置方面形成全方位立体化的社会治理新格局，从而提高防范化解重大风险的能力。

在风险感知方面，随着网络空间的边界不断拓展，网络空间内的人员、信息等各类要素的体量急剧增大，人们在网络空间上的关注度高度集中，社交网络日益复杂，极易将一般性社会事件演变成重大的网络舆情事件，从而加剧意识形态领域的安全风险。此外，随着国际政治形势的日益严峻，边疆民族、宗教等问题的复杂化、极端化风险日益凸显。对此，需要加强和深化网络空间信息传播、内容理解、风险辨识、信息阻断，以及面向防恐反恐的身份识别、物品识别、目标探测、行为分析等相关领域的基础理论研究和技术研发。

在科学决策方面，虚实空间的交互产生了大量的信息资源和数据，在帮助认识网络空间与现实空间各类要素运行规律的同时，也给突发风险的应对带来了巨大的挑战。过度冗余的数据极易造成对真实风险的误判，并且使高价值的情报被淹没，这为社会安全风险应对决策带来了巨大不确定性和执行困难。因此，需要围绕网络空间和现实空间中存在的舆情安全、防恐反恐等需求，开展网络空间和反恐维稳领域的人员心理特征、认知特征、行为特征研究，形成大数据环境下的群体认知行为规律，研发多源数据交互可视分析和情报快速挖掘技术、重大社会安全风险预测预警技术及相应的系统平台，提高社会安全风险的科学应对能力。

在社会安全应急处置方面，社会安全风险具有暴发突然、演变速度快、后果预见性低、应急响应时间短、容错性低等特征。因此，社会安全风险的应急处置需要第一时间发现第一时间处置，这就需要能够全局和全过程掌握应急处置各类资源，围绕着风险的暴发时空特征快速、准确地部署应急资源，及时控制风险的外溢和扩散。对此，需建立社会安全风险的白名单与黑名单体系，构建网络空间安全和防控维稳的知识库、专题库、主题库，研发基于地理信息、数字孪生技术的多维应急资源配置与快速调度平台和融合通信指挥系统，提升针对重大社会安全风险的应对处置能力。

二、本领域需要解决的重大问题及其对工程科技的需求

当前，我国安全领域需要解决的重大问题主要体现在以下几个方面：首先，针对新型安全和巨灾重灾的科学基础理论缺乏；其次，对于复合灾害事故的灾情侦测及精准推演能力有待提升；再次，城市和国家重大基础设施承灾韧性和监测预警精确度不高；最后，综合应急领域的纵深防御规模有限及响应速度不快等。基于此，安全科技创新的发展方向应聚焦瓶颈性、根源性、本质性问题，着力攻克科学基础理论难题，深入探究多灾种耦合、多尺度演化的次生衍生灾害事故机理，发展城市和国家重大基础设施安全强韧技术，以及研发全过程、全链条综合应急救援通用装备、系统和平台等重大理论技术。在明确发展方向的前提下，应优先发展信息化、智能化、无人化的安全生产风险监测预警和综合应急技术装备，解决重大安全风险的超前预测、动态监测、主动预警和极端环境的应急救援等关键技术难题，健全与研发平台配套的公共安全科技支撑链条，建立健全我国公共安全科技支撑保障体系。

（一）自然灾害防御子领域

在自然灾害防御子领域，需要突破理论和技术瓶颈，实现自然灾害的精细精准预报预警。针对大气、海洋及各种次生衍生灾害的监测预报预警需求，建设新一代广捕捉面、高分辨率、高效率的灾害探测技术体系，基本实现中小尺度灾害性天气及其诱发的次生自然灾害的实时组网探测；发展公里级高精度灾害数值预报技术，预报时效达到10 天左右，建立天气与气候一体化无缝预报系统、海气耦合实时预报系统；建立米级局地中尺度数值预报系统和对流可分辨的中尺度集合预报系统，针对城市小区域局地极端天气预报预警系统，突破全球灾害性天气、局地突发性强天气事件的预报技术瓶颈，发展精细化、数字化、智能化的自然灾害预报预警技术，数字预报分辨率在国内应达

到1—3 km，全球应达到5 km，提高预报准确率；在自然灾害预报的基础上，发展基于影响范围的局部预报预警，实现按需自动推送服务。面向灾害高影响行业、灾害高风险区域、灾害高敏感对象，开展承灾体敏感性或脆弱性精细化诊断和防灾减灾预案设计；基于知识图谱、算法仓库以及人工智能，建立灾害影响速判决策支撑系统，响应速度达到小时级，构建基于受灾体或受灾对象的灾害影响动态预报或风险预警技术；开展多灾种、灾害链综合风险的动态评估技术研发，构建全域覆盖的自然灾害风险防范、应急响应和后期处置决策体系。

（二）事故灾难防范子领域

在事故灾难防范子领域，需要重点加强矿山、危险化学品、城市火灾及地下空间等方向的工程技术研发。

在矿山方向，面向深部开采所带来的安全和环境隐患，需加强矿山深部开采与重大灾害防治等领域先进技术装备的创新应用，推进煤矿装备和工艺过程智能化升级，推进固定岗位的无人值守和危险岗位的机器人替代，推动各生产环节的智能化联动，加快智能化与绿色开采技术融合。

在危险化学品方向，对于危险化学品消防、抑爆、堵漏、个体防护等方面的技术装备严重依赖进口的问题，重点加强研发储罐全液面大型火场灭火技术，开展现场灭火、冷却、侦检、排烟等人工智能技术以及三相射流灭火技术等技术。

另外，针对城市现代化进程中重特大火灾和地下空间重特大安全事故事前的致灾机理和探测技术、事中的救援处置与事后的调查鉴定三个层面的技术支撑需求，分别开展城市火灾高危场所消防安全设计、火灾风险评价、火灾监测预警与防控技术、城市地下管网检测理论及技术、城市地铁隧道和穿城公路隧道安全检测理论及技术、大数据人工智能平台及政策研究，大力发展城市地下空间安全探测装备、智能化关键零部件与工业软件开发工具。

（三）重大疫情防控子领域

许多重大疫情源于动物群落，然后传播到人类群体，这类疾病被称为人畜共患疾病。动物疫源性监测网络存在不足，导致缺少提前发现潜在的对人群健康构成威胁的病原的能力，通常只有在疫情传入人群并暴发之后，才被动地进行疫病大流行的防控。未来将重点发展重大/新发传染病智慧化预测和多点触发预警技术、多渠道多部门传染病监测信息汇聚与治理技术、突发公共卫生事件多点监测系统以及基于大数据的传染病监测预警应用、智慧医疗大健康平台、人工智能诊断及疾病预测技术，提高应对突发公共卫生事件的能力。

（四）安全韧性城市子领域

在安全韧性城市子领域，需要重点加强城市韧性提升技术、城市安全监测预警技术、城市重大基础设施韧性提升综合技术等。具体如下：

在城市韧性提升方面，需要突破城市巨灾作用机理、智能感知、灾变诊断、韧性评估等关键共性技术瓶颈；构建基于卫星遥感、物联大数据的城市、区域、设施多层级风险诊断与健康评价算法模型；研究多灾害城市尺度“端、边、云、网”智能监测预警技术；研发基于实时数据的新型城市尺度灾变遥测系统、城市综合风险“数字孪生平台”、超大规模物联网预警平台；支撑“工业互联网+智能制造+智慧服务”的城市安全产业新生态。

在城市安全监测预警方面，聚焦管网泄漏、城市内涝、地面塌陷以及地铁隧道衬砌背后脱空、裂缝、渗漏水、形变等典型风险监测预警不及时等问题；开展城市基础设施监测预警、调控防控和智慧管理等关键共性技术研究；研究城市道路超深探测、地下管网安全监测、隐患排查、智能修复、地铁隧道安全隐患综合探测等技术；研发地下综合管廊多管线实时监测与集成分析处置系统，实现对管廊及入廊管线安全监测预警和安全运维；研发高端智能监测定位装备，实现泄漏点的及时监测和准确定位；研发城市生命线运行外部危害和扰动监测预警装备及系统，实现对外部危害和外力扰动的超前预警与应急处置；研究城市火爆毒风险在线监测和布点优化技术，研制城市大规模监测传感器及系统，在线监测并评估后果及危害；研发远程控制快速抑爆、洗消和控制装备，实现事故后快速消除火灾、爆炸和危险物质风险。

在城市重大基础设施韧性提升方面，需要攻克巨灾与复合耦合灾害、国家重大基础设施间的复杂依赖关系、复杂系统级联失效致灾和应急决策的基础理论难题；研究针对重大基础设施的关键外部威胁、运行风险与脆弱性的深度识别与分析方法；构建重大基础设施安全风险的多维监测、智能预警和风险防控技术体系；研发极端灾害和蓄意致灾等情景下的仿真模拟推演、经济社会影响评估和应急决策技术与系统，以更有针对性、优先级和战略性的方式加强重大基础设施的安全韧性和巨灾应对能力。

（五）综合应急技术子领域

在综合应急技术子领域，需要面向新形势下应急管理的新需求，重点开展巨灾耦合应对、数智化战场决策指挥与应急管理装备等方向的理论研究与技术研发。

在巨灾耦合应对方面，需要面向重大灾难事故防控的重大需求，重点研究多灾种耦合与灾害链演变机制、灾害次生衍生临界条件与预测方法，以及多灾耦合风险评估与防控技术；分析事件间的“协同效应”，揭示多灾种之间存在的发生时间、影响范围、影响效果等耦合而呈现出的复杂机制，总结灾害链分布的时间和空间特征，进而明确灾害链的成灾特征与演变机制，实现由单一灾害研究向多灾害研究的转变；开展灾害次生衍生预测方法、风险评估及防控技术研究工作，为重大事故灾难风险防控提供基础理论、预测评估方法及模型仿真技术等方面的支撑。

在数智化战场决策指挥方面，面向应急现场快速救援与指挥决策的重大需求，亟须提出数智化战场应急指挥技术的战略需求、未来趋势、演化路径和核心能力体系，研究构建巨灾场景下复杂性、综合性应急救援数智化战场的理论模型和关键技术体系；研究跨层级、跨地域、跨领域的综合性应急数智化战场指挥决策系统的体系结构，设计数智化战场应急指挥系统的总体技术方案，研究物联网、通信、大数据、云计算、人工智能、数字孪生等技术在应急救援和指挥决策中的应用模式，实现更精准的态势感知、更可信的分析研判、更迅速的指挥决策；为解决灾害救援现场层级复杂、指令不畅、指挥效率低等问题，以数字化作战为理念，以战术互联网模式为参考，开展面向应急救援实战的应急指挥通信体系架构研究、关键技术攻关、关键设备研发；针对“三断”极端环境下公网应用受限、空地协调困难等问题，研究应急通信空口设计优化、频谱资源调度、复杂条件下多节点空天地融合组网与协作等关键技术，构建空天地一体化的应急战术互联网；针对应急指挥救援现场通信制式繁多、融合困难、指令不畅的问题，研究可融合现场多源异构音视频通信终端接入的万能协议栈，研发基于多模通信的协同作战指挥通信与数字化应急救援终端装备，为数智化战场的高效协同通信提供关键技术支撑。

在应急管理装备方面，需要提高公共安全与应急科技水平，提升应急管理装备科技含量，解决专业装备缺乏、高精尖技术装备在一定程度上依赖进口等问题。开展灾害事故处置救援装备研究，利用一致性理论、多元主体协同-阻抗等方法进行协同应急救援方案设计，基于时间-动力约束、非支配排序遗传、事故演变-决策等模型开展处置救援装备调配保障优化方法研究等，将智能优化科学方法应用于处置方案实施。针对处置救援装备研制与国产化问题，根据专业特点，重点针对新型工程机械、破拆机器人、水下打捞器等空中、地面和水下处置救援装备等开展研究；开展极端复杂环境下的个体防护技术装备研究，通过高性能复合纤维制备方法，研发兼具防护与舒适的面料，研发适用于极端灾害环境的新型个体防护服；研究极端环境下人员防护机理、运动状态和效能评估，监测环境与人体生命体征参数，通过灾害环境中个体防护与损伤机理系列模型，研判救援场景危险等级及救援人员作业效能状态，实现环境和救援人员安全状态监测与预警功能，进而提升救援现场作业效率，实现防护装备由“被动防护”转为“主动防护”。

（六）社会治理子领域

在社会治理子领域，我国的社会治理总体水平不高，社会加速转型背景下传统治理模式的转换思路不清，现有社会治理能力与社会利益矛盾冲突的化解机制不全，网络空间治理能力不强，社会治理理念与公众意识的匹配程度不高。为了解决上述问题，迫切需要加快推进社会治理智能化，全面加强科技治理与社会治理的良性互动，构建规范化的社会治理科技创新体系。建立健全重大社会稳定风险防控体系，深度应用以人工智能为代表的智能信息技术及其设备，实现社会安全重大态势的实时感知、预测、预警，及时把握群体认知及心理变化，提高在公共安全和应急管理领域的风险防范化解能力，有效维护社会稳定。建立健全网络综合治理体系，推动社会治理从现实社会向网络空间覆盖，全面推进网络空间法治化。完善群众参与基层社会治理的制度化渠道，运用数字技术推动城市管理手段、管理模式、管理理念创新，提高公共服务的均等化、可及性和精准化水平。建立社会治理大数据共享服务平台，形成科学、统一、完整、精细的社会治理评估体系，实现社会治理规范化。具体而言，需要围绕社会治理领域内的风险感知、科学决策、应急处置等三个方面的问题开展研究。

在风险感知方面，需要针对现实和网络两个空间，构建虚实结合的社会安全风险感知与监测预警体系，完善社会安全风险监测系统。重点突破多模态媒体信息的内容感知、有效融合存储等关键技术，基于舆情扩散模型的涉恐行为阻断等关键技术瓶颈，实现网络发布信息的内容、时间、地点、人物等核心要素的自动化理解、连接；突破重点场所的爆炸物品安检示踪与动态跟踪监控技术、基于空天一体化探测的可疑目标分析技术、涉案人员特征刻画及追踪技术、涉恐信息分析与可视化呈现技术、基于序列模式分析的涉恐信息模型过滤技术、基于网上勾连特征的潜在涉恐团伙挖掘技术瓶颈，构建反恐怖情报大数据智能监测预警与防控体系，实现虚实空间下的涉恐、涉稳等风险的大数据信息深度感知与探测。

在科学决策方面，需要建立以重点人员管理应用平台为核心的网上网下、虚实结合的大情报系统和平台，将重点关注人员纳入平台管理，研究符合我国现状的人员心理模型、犯罪心理模型和人员行为模式特征库；构建社交网络和社会活动大数据采集与管理平台、社会安全信息深度挖掘（关联、网络、聚类、时序、空间及流分析）与异常行为预警系统、网络社会个体行为特征识别与追踪系统；研发基于重点人员、事件对象关联特征的社会安全预警系统，形成基础数据信息化、日常管理实时化、预警分析平台化、情报研判科学化的工作模式；实现异常人员、异常行为的实时发现、精准预警，大幅度提升社会安全突发事件的科学决策能力。

在应急处置方面，需要围绕突发社会安全事件“第一时间发现、第一时间处置”的基本原则，建立社会安全信息资源目录体系和网络舆情监控知识库。研发新一代社会安全服务基础设施和社会安全物资及装备智能管理平台，打造下一代警用宽带多媒体无线集群通信系统，突破基于传统向量空间的网络重大舆情特征分析技术、基于大数据的暴力恐怖事件处置专家决策辅助技术、一体化指挥与通信技术、突发社会安全事件现场传感与通信技术、基于三维实景地图的可视化决策支持等关键核心技术瓶颈，有效提升对潜在涉恐、涉稳等高风险事件的主动发现、提前预警和风险抵御能力。

第二节　2040 年平安中国与社会治理领域经济社会和科技发展愿景

基于 2040 年经济社会发展目标的平安中国与社会治理领域发展情景分析见表 2-1。

表 2-1　基于 2040 年经济社会发展目标的平安中国与社会治理领域发展情景分析

经济社会发展预测和愿景			科技需求	实现需求的可行工程科技路径	科技与经济社会融合的发展情景
总体描述	分解指标	目标值			
自然灾害防御水平明显提升	灾害监测	建立包含空天地三个维度的立体化协同监测网络	高分辨率、高效率的灾害探测技术体系	织密空基、天基、地基三位一体的综合地球信息观测网络，建立灾害监测评估和情景模拟基础性大数据库	实现灾害潜势、发生、演变的实时、多源信息融合的综合监测与评估
	灾害预报预警	针对高风险区域实现灾害高精度预报预警的全覆盖	精细化、标准化需求	建立全时效高精准灾害预报预警、灾害“三高”（高影响行业、高风险区域、灾害高敏感对象）快速判识以及面向“三高”灾害防御体系	加强气象与多领域的深度融合
灾害事故死亡人数大幅度降低	矿山领域	智能装备和工艺、机器人等在矿山开采领域得到广泛应用	智能化、绿色化	推进煤矿装备和工艺过程智能化升级，推进固定岗位的无人值守和危险岗位的机器人替代，推动各生产环节的智能化联动	加快智能化与绿色开采技术融合
	危险化学品领域	突破一批核心和重点技术装备的研制生产	技术装备创新研发和国产化	重点加强研发 10 万 m^3 储罐全液面大型火场灭火技术，发展基于人工智能技术的现场灭火、冷却、侦检、排烟、三相射流灭火等技术	核心技术装备实现突破，重点技术装备实现国产化

续表

经济社会发展预测和愿景			科技需求	实现需求的可行工程科技路径	科技与经济社会融合的发展情景
总体描述	分解指标	目标值			
灾害事故死亡人数大幅度降低	建筑及地下空间	建设一批新型城镇，具备城市建筑及地下空间等智能化运维监测能力	技术装备智能化、一体化需求	加强建筑和基础设施的工程建设、结构诊断、管理运维等方面的智能化、一体化技术研发；开展城市道路地下空洞检测理论及技术、地下管网检测理论及技术、城市地铁隧道和穿城公路隧道安全检测理论及技术、大数据人工智能平台及政策研究，大力发展城市地下空间安全探测装备、智能化关键零部件与工业软件开发工具	完善新型城镇化战略，提升城镇化发展质量
织牢国家公共卫生防护网，提高公共卫生事件应对能力	疫情监测防控	形成全面建立、全面覆盖的公共卫生防护网，具备新发传染病的高效监测与防控能力	发现潜在的对人群健康构成威胁的病原的能力	建立重大疫情应急防控体系和动物疫源性疾病监测网络	实现增进民生福祉、全面建设健康中国以及人与自然和谐共生的目标
社会治理特别是基层治理水平明显提高，不断健全防范化解重大风险体制机制	社会稳定	社会治理智能化，具备健全的社会稳定风险防控体系	破解社会治理难题的现实需要	构建规范化的社会治理科技创新体系，建立健全重大社会稳定风险防控体系，建立健全网络综合治理体系，建立社会治理大数据共享服务平台	实现社会治理能力现代化的远景目标
突发公共事件应急处置能力显著增强	智慧应急	精准化、科学化、智能化、高效化，针对突发公共事件，应急及时、处置高效	推动应急管理现代化建设、应急管理信息化建设将向数字化转型、智能化升级	跨类复合灾害事故重现与应急救援演练技术、多灾种耦合机制和灾害链复杂演变机制、多灾种耦合仿真模拟技术、灾害耦合平台大数据分析集成技术与大规模计算技术、应急辅助决策技术	实现应急管理的数字化、智能化、一体化
	智慧安全城市	数字化、网络化、智能化，城镇耦合灾害风险显著降低	保障城市安全可持续发展	城镇多灾种耦合实验与仿真，物理-信息-社会融合建模与仿真推演，全方位立体化风险感知体系和智能化预测预警技术	加快数字化发展，建设数字中国

续表

经济社会发展预测和愿景			科技需求	实现需求的可行工程科技路径	科技与经济社会融合的发展情景
总体描述	分解指标	目标值			
突发公共事件应急处置能力显著增强	高效精准救援	自主创新和国产化，攻克一批应急处置与救援核心装备技术	建成具有自主知识产权的重大突发事件应急处置与救援技术体系	矿难、火灾、地震等领域的灾情侦测技术、灾变环境应急通信技术、遇险人员精确定位技术、次生衍生灾害预报防治技术、快速逃生避险技术及装备、应急生命通道构建技术与装备、现场信息立体获取及灾情信息采集技术	实现应急处置与救援技术的智能化、协同化和自动化

（一）自然灾害防御子领域

到2040年，建成高效、无缝隙、全链条的自然灾害风险防控体系，自然灾害监测预警和防灾减灾能力大幅提升，自然灾害全过程多源资料一体化协同监测基础理论与技术研究，自然灾害演变特征、形成机制及物理规律基础研究，链生灾害风险智能预报预警基础研究等取得重大进展；构建完善的空基、天基、地基综合地球信息观测技术和系统；发展无缝隙灾害数值预报技术，建立天气与气候一体化无缝隙、高精度多圈层耦合的数值预报系统，发展精细化、数字化、智能化的自然灾害预报预警技术；发展基于影响预报的灾害风险动态评估技术；开展承灾体敏感性或脆弱性精细化诊断和防灾减灾预案设计；建立快速响应的灾害影响速判决策支撑系统，构建全域覆盖的自然灾害风险防范、应急响应和后期处置决策体系；监测评估关键技术取得突破，预警和应急处置效能显著提升，各项任务目标如期实现。

（二）事故灾难防范子领域

到2040年，我国事故灾难防范技术和装备研发将取得重大突破。

1. 矿山安全

形成完善的矿山灾害预警防治两化融合技术标准体系、解决方案体系、考核评价体系、服务保障体系和信息产业体系；矿山灾害预警防治两化融合总体水平达到主要工业行业平均水平以上；矿山开采全产业链核心场景智能化应用总体水平显著提升；大数据、人工智能、工业互联网、区块链等新技术与矿山开采深度融合，部分技术应用达到领先水平。大型煤矿和灾害严重煤矿基本实现智能化，实现开拓设计、地质保障、采掘（剥）、运输、通风、洗选、物流等系统的智能化决策和自动化协同运行，井下重点岗位实现机器人作业，露天煤矿实现智能连续作业和无人化运输。智能化开采产量达到全国原煤产量的30%左右。

2. 危险化学品安全

我国危险化学品安全领域关键核心技术及装备拥有自主知识产权，全面攻克危险化学品消防应急智能预警、火灾智能识别、危险化学品泄漏生态灾难预警等技术瓶颈，打破国外在危险化学品抑制爆炸技术中的环保抑爆剂和抑制爆炸装备方面的技术垄断，危险化学品智能侦检领域等装备的测试与研制、事故现场实时侦检技术、智能监管及应急指挥决策技术、应急处置与联动能力评估技术等实现突破，危险化学品堵漏技术及装备的精准堵漏技术、智能高压堵漏技术及装备实现中国制造，危险化学品个体防护装备拥有核心知识产权。

3. 城市火灾安全

实现重要公共建筑与工业厂房、水利工程、基础设施的火灾信息感知、分析识别、评价预测与结构控制等多个层面的智能运维，以多源感知硬件系统为基础，通过人工智能、深度学习、多目标多任务智能优化理论、智能结构原理与机制、数据-知识耦合驱动分析等方法，实现火灾防控智能化基础理论与方法的重大发展，建立科学、智能的建筑火灾风险防控系统。

4. 城市地下空间安全

我国城市地下空间安全探测与评价领域关键核心技术拥有自主知

识产权，全面突破当前本领域内存在的超深、高精度、智能化等方面的瓶颈问题；推动国际一流的城市道路及地下空间安全保障国家重大科技基础设施项目的建设；研制城市地下空间安全智能探测技术，发展风险智能监测预警技术，为城市地下空间的风险评估和监测预警提供重要病害参数，加强对道路交通和地下空间领域的安全风险排查，提升多灾种和灾害链综合监测和预报预警能力；通过共建产学研基地，与企业需求紧密联系、与国家地下空间重大安全紧密联系，逐步完善或建立地下空间安全探测及检测标准，将成果服务于社会，服务于地下空间安全预测预警和应急救援领域。

（三）重大疫情防控子领域

到2040年，我国将建立起全面的重大疫情应急防控体系，人群健康领域建立起完善的传染病医院系统，平时蓄积一定的防护势能，用以处置重大疫情或其他突发公共卫生事件；实现动物疫源性疾病监测网络的全方位覆盖，提前发现和预判可能威胁人群公共健康的病原，建立全面的传染病病原谱系病原库，在重点地区和环境建有固定监测站和具有移动能力和监测能力完善的流动站；全面加强环境健康的评估，优化针对人群健康的外部环境和生活空间。

1. 建成重大突发传染病智能化主动监测预警系统

拓展和深化现有多源异构数据平台，建立多源传染病监测数据库，汇聚不小于亿级规模的跨界多源传染病监测数据。统筹构建融合数据生态、技术生态和业务生态的数据平台，建立全球突发传染病事件探测感知技术标准和评价定级标准。针对全球在应对公共卫生突发事件时面临的信息源散、感知迟缓和决策困难等问题，研究基于区块链的可信公共卫生大数据共享关联方法，整合跨界多源数据，构建公共卫生和流行病学的知识图谱，探索突发传染病的实时主动感知与监测方法，实现突发传染病知识的自动获取和在线自动更新，构建支持自适应学习的传染病早期暴发时空异常预警模型。

2. 实现突发传染病事件的智能快速流调

通过突破无接触自主交互的流调数据采集、基于知识引导的流调信息智能解析和关联挖掘、时空协同的突发传染病事件快速识别与溯源、流调全流程数据隐私保护与安全共享等关键技术瓶颈，实现无接触式高可靠度流调，构建人员关联图谱以实现精准溯源，创新智能流调技术和应用模式。

3. 实现传染病疫情实时态势评估与风险研判

识别影响传染病传播的关键因素，包括疾病特征因素、人口迁移传播时空流动因素、综合防控措施因素、疾病诊疗方案因素、病原体变异因素、流行病学因素、模型参数初值可识别因素、随机化因素、数据因素等，优化复合维度参数界定。研制流式和图式大数据处理系统，基于所整合的亿级规模以上的跨界多源传染病监测数据，建立突发传染病的主动实时监测、风险研判、早期预警、态势预报的技术平台，建立日常化监测预警系统。改进时序数据模型、态势评估技术、多级预警技术等传染病风险研判及态势预报技术，提高传染病风险评估与预警的科学性和准确性。

（四）安全韧性城市子领域

到 2040 年，针对我国超大型、特大型、大型等多种规模的城市体，完成城市灾害风险普查和数据融合，建立健全城市风险评估账本。在城市全生命周期内形成提升城市空间和工程韧性的相关技术，提升城市“隐蔽工程”和生命线系统的可靠性。

1. 拓展城市空间韧性，提升城市整体空间合理性与恢复力

在城市空间韧性方面，充分开展城镇多灾种综合风险评估，进一步拓展城市系统空间韧性。针对城市道路、地下空间及相邻空间等城

市公共区域的安全隐患，进行诊断与风险预警，进一步提升城市空间布局的合理性和灾后恢复能力。

2. 提升城市工程韧性，加强城市灾害抵御能力

在城市工程韧性方面，从重大基础设施及重大工程出发，推广普及城市生命线系统安全运行监测、预警和联动控制，启动城市基础设施复杂级联失效仿真模拟。以产业需求为引导，充分推动城市安全运行监测核心高端传感器与仪器产业发展，持续促进城市抵御灾害能力的提升。

3. 促进城市管理与社会韧性发展，强化城市安全运行与众筹群智能力

在城市管理韧性方面，建立超大城市安全运行精细化数字仿真模拟和运行调度系统，为城市安全运维与调度管理提供实时支持，从而巩固其基础。

在城市社会韧性方面，从民众、专家等不同维度出发，开启众筹群智的城市安全预测预警和应急管理模式，形成全民参与，人人皆可成为智慧韧性的提出者和执行者，逐步培养提升全民对城市安全韧性的认知和改善能力。

（五）综合应急技术子领域

到2040年，建成全面、高效、智能的全方位立体化公共安全体系，公共安全科技水平和保障能力大幅提升，基础理论研究成果显著，高精尖技术装备得到广泛应用，国产化水平明显提高，应急救援效能显著提升，防灾减灾能力明显增强，应急管理能力得到全面提升，各项任务目标如期实现。

1. 理论研究取得新进展

在巨灾耦合应对方面，攻克多灾种致灾机理、耦合演变、仿真模

拟、预防方法、风险评估、集成分析、推演决策等方面的核心理论与关键技术瓶颈，在多灾种耦合机制和灾害链复杂演变机制、多灾种耦合与级联效应仿真模拟技术、灾害耦合平台大数据分析集成技术与大规模计算技术、跨类复合灾害事故仿真重现与应急救援演练技术、应急辅助决策技术等方面取得重大突破，强化灾害事故理论和工程的深入融合，提升对突发事件的科学预测、风险评估与有效应对能力，实现巨灾应急管理能力的全面提升。

2. 核心技术实现新突破

在数智化战场决策指挥方面，建立数智化战场的基础理论模型和关键技术体系，构建跨层级、跨地域、跨领域的综合性应急数智化战场指挥决策系统的体系结构；突破快速三维环境信息采集、实景重建与应急要素数据融合等应急现场数字孪生关键技术；构建应急现场多维空间快速组网、网络随遇接入的技术架构并实现多手段通信保障，突破应急场景下“数据-模型”混合驱动的决策方法、非线性流程应急指挥调度新方法和多目标应急资源的动态精准分配与调运优化技术；研建自主可控的数智化战场应急指挥系统并服务应急实战，达到“空-天-地”智慧化的“感知-决策-行动”能力，打造以战场数字化、决策科学化、指挥可视化、救援智慧化为特征的新时代数智化战场应急指挥体系，为应急指挥决策能力提升和系统升级迭代提供长期、关键技术支撑。

3. 装备管理达到新水平

在应急管理装备方面，我国应急处置与救援领域的重大装备、关键核心技术及装备拥有自主知识产权，实现自主可控。顺应应急装备智能化、轻型化、标准化的发展趋势，建立完善的应急装备标准体系，加强应急装备研、产、用标准体系的衔接，提升常用装备性能，促进人工智能等先进技术装备的实战应用。加大一体化轻质和智能防护服、应急疏散智能引导系统、无人机、无人搜救机器人、无人搜救潜航器、预警信息发布终端等全方位、多样化的智慧装备配置力度，建立科学高效的应急救援响应、指挥、处置体系，持续推进公共安全技术创新和新技术应用，实现应急管理装备现代化。

（六）社会治理子领域

到2040年，我国社会治理领域将进入“智治”时代。社会治理决策最大限度地凝聚社会共识，形成多元共治的社会治理空间，国家供给与社会需求实现精准对接，供需对接错位与治理资源空转问题得到有效解决。支撑社会治理的大数据能力体系日趋完善，以数据共享为基础的跨部门、跨主体协作体系使得社会治理效能大幅提高。基于大数据信息流和用户行为，实现对应用场景的预测与研判，有效提升公共服务部门、公安司法部门、应急管理部门等相关部门的指挥调度和服务运营效能，“发现问题”与“解决问题”更加快速、实时与精准，公共资源的配置及协调效率更高。在应对重大突发性社会事件中实现互通共享、高效联动、精细管理、精准施策、有效防控。

1. 重大基础理论取得发展

面向社会治理的重大需求，针对社交网络拓扑结构及相关共性特性，研究社交网络的结构建模、多维属性度量和表示方法，建立信息多源并发、高交互影响下的信息表示与能量传播计算模型、传播模型和信息溯源方法，打造国家级网络信息传播的动力学模型；构建群体行为的认知与情感表示模型，研究社交网络群体聚集形成机理以及群体情感立场表示与演化方法，打造国家级社交网络群体行为的认知模型。

2. 核心技术得到突破

面向网络重大社会安全风险应急处置的紧迫需求，突破具有自主泛化学习能力的态势分析研判技术、具有自适应能力的重大网络舆情智能化处置技术、“人-机-物”深度融合的舆情安全在线应急感知技术等瓶颈；突破网络环境下涉恐行为的追踪与溯源技术、虚实空间交互的反恐大数据深度感知技术、多源异构反恐信息融合与智能化理解技术、海量多维反恐信息数据关联分析技术、面向防恐反恐的大数据预测预警与决策支持技术等瓶颈。

第三章　平安中国与社会治理领域工程科技技术预见和发展能力分析

第一节　平安中国与社会治理领域工程科技2040技术预见

一、本领域工程科技2040技术预见基本情况

“平安中国与社会治理领域技术预见清单”是在“2035公共安全领域战略研究评估和技术预见效果评估”的基础上，面向公共安全与社会治理交叉领域，新增“重大疫情防控”和“社会治理”子领域，并对原有子领域进行调整，将部分细分子领域进行合并，从事故灾害和综合保障的方向重新划分，将其分为自然灾害防御、事故灾难防范、重大疫情防控、安全韧性城市、综合应急技术和社会治理等多个子领域。

专项工作组以调查问卷、专家研讨的方式收集备选技术清单项目，并借鉴中国科学院《技术预见2035：中国科技创新的未来》、日本《第十一次技术预见综合报告》、韩国《第五次科学技术预见2016—2040报告》以及印度《2035技术展望》等国内外技术预见活动中制定的相关技术清单成果，最终形成备选技术清单。

公共安全领域第一轮问卷调查，共设立56个技术方向，邀请专家276人，填报人数136人，专家参与度为49.28%，共回收问卷1065份，平均每个技术方向约有19位专家作答。

第一轮问卷调查结束后，针对调查结果和专家建议修改了技术清单，在第二轮问卷调查中，共设立 57 个技术方向（图 3-1），邀请专家 827 人，填报人数 222 人，专家参与度为 26.84%，共回收问卷 1698 份，平均每项技术约有 30 位专家作答。

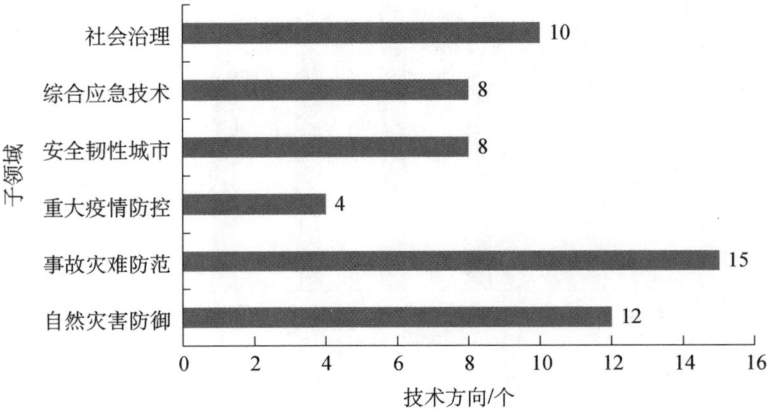

图 3-1　各子领域技术方向数量

二、本领域技术预见结果分析与关键技术选择

（一）技术实现时间分析

1. 技术实现时间分布

平安中国与社会治理领域的技术实现时间分布如图 3-2 所示，其中技术实现时间在 2029 年的最多，有 15 项，占全部技术的 26%。如图 3-3 所示，技术实现时间的分布集中在 2028—2033 年，其中 2028—2029 年预期实现全部技术的 46%，2030—2033 年预期实现全部技术的 49%。

由图 3-4 可知，平安中国与社会治理领域世界技术实现时间集中在 2026—2029 年，在 2030 年之前可以实现；中国技术实现时间比国际平均晚 2—3 年，主要集中在 2028—2031 年，在 2034 年之前可以实现；中国社会实现时间比中国技术实现时间平均晚 2 年，主要集中在

2029—2034 年，除少部分技术（无缝隙高精度气象数值预报技术和地震危险性多概率多参数全频段评价与地震灾害情景动态构建技术）外，基本在 2035 年之前可以实现。

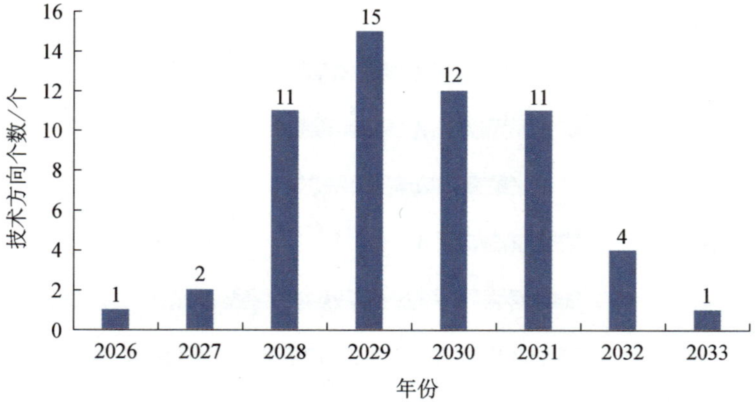

图 3-2　技术实现时间分布

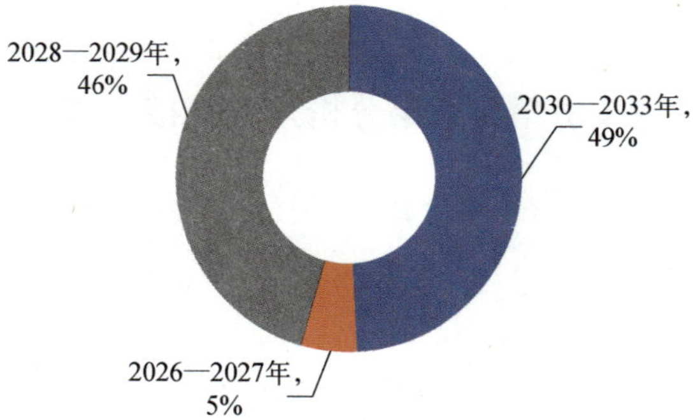

图 3-3　技术实现时间段的分布比例

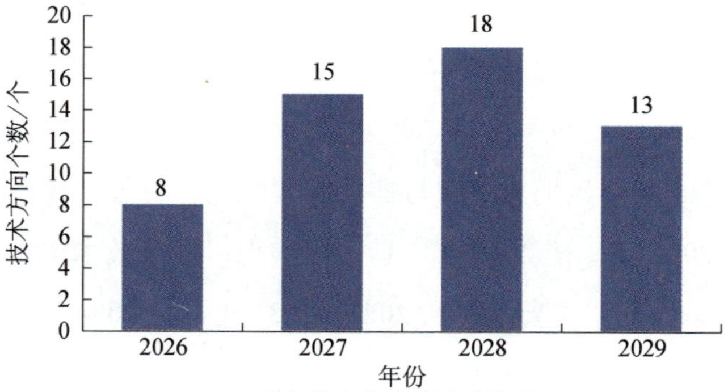

(a) 技术实现时间（世界）

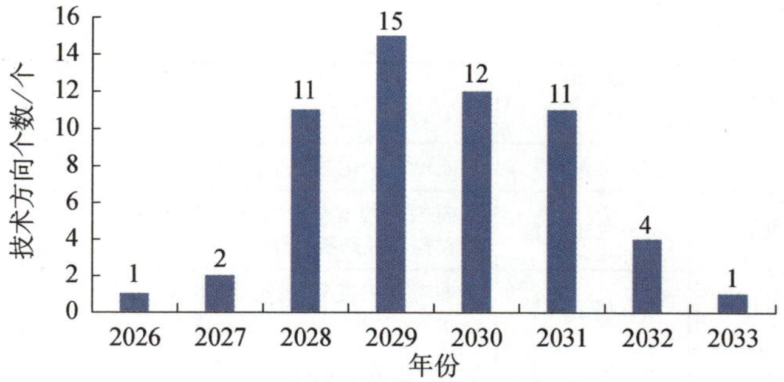

(b) 技术实现时间（中国）

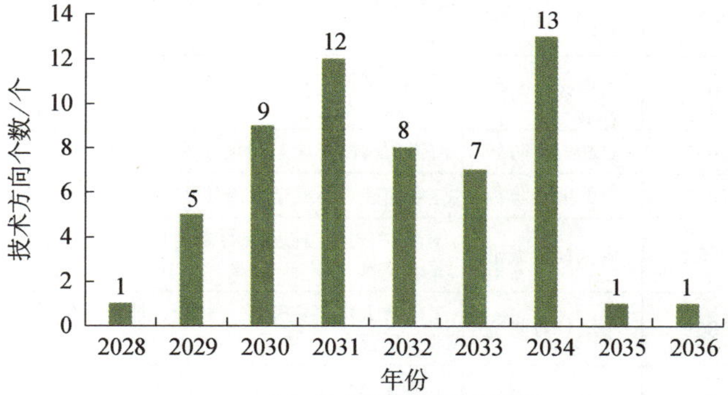

(c) 社会实现时间（中国）

图 3-4　三类预期实现时间的比较分析

2. 技术实现到社会实现的时间跨度分析

（1）技术实现到社会实现的时间跨度

对照综合重要性指数（三个综合指数取平均）排名前 30 的技术方向（表 3-1），比较从技术实现到社会实现的时间跨度（图 3-5），技术实现到社会实现的时间跨度平均约 2.5 年，最长 4 年（航空交通运输安全体系化保障技术）；最短 1 年（包括重大传染病预测模型及防疫政策评估技术，台风、暴雨、洪水和冰雪灾害预评估及风险管理技术，煤矿重大灾害灾变综合判识、监控预警技术和平台，煤矿深部开采重大灾害防控技术），这些技术的实现与社会的实现几乎同步。

表 3-1　综合重要性指数排名前 30 的技术方向

排名	技术编号	子领域	技术方向	综合重要性指数
1	3003	重大疫情防控	重大传染病预测模型及防疫政策评估技术	93.83
2	1002	自然灾害防御	无缝隙高精度气象数值预报技术	86.20

续表

排名	技术编号	子领域	技术方向	综合重要性指数
3	2011	事故灾难防范	氢能储存、运输安全保障技术	84.00
4	2015	事故灾难防范	面向未来城市空中交通与自动驾驶的安全管理与事故防控技术	83.44
5	3001	重大疫情防控	全球重大突发传染病智能化主动监测预警技术	81.88
6	1001	自然灾害防御	极端气象灾害监测预报预警技术	81.74
7	3004	重大疫情防控	城市和城市群重大疫情的社会化防控体系与社区韧性	81.37
8	1003	自然灾害防御	台风、暴雨、洪水和冰雪灾害预评估及风险管理技术	80.22
9	1007	自然灾害防御	海洋灾害精细化监测预报预警技术	78.44
10	2012	事故灾难防范	化学储能设施安全保障技术	78.42
11	4003	安全韧性城市	城市安全运行监测核心高端传感器与仪器关键技术	93.83
12	2001	事故灾难防范	煤矿重大灾害灾变综合判识、监控预警技术和平台	86.20
13	1004	自然灾害防御	主要江河防洪区全域特大洪涝灾害风险动态分析与预测技术	84.00
14	1005	自然灾害防御	城市极端洪涝灾害全过程动力学模拟模型与分析评价关键技术	83.44
15	2013	事故灾难防范	城市重特大火灾和新型火灾风险评估、预防监测与处置技术	81.88
16	2014	事故灾难防范	航空交通运输安全体系化保障技术	81.74
17	4001	安全韧性城市	城镇多灾种综合风险评估与系统韧性提升技术	81.37
18	4005	安全韧性城市	城市生命线系统安全运行监测、预警和联动控制关键技术	80.22
19	4007	安全韧性城市	重大基础设施及重大工程韧性增强技术	78.44
20	5008	综合应急技术	复杂应急现场处置与救援关键技术与智能化、高效能装备	78.42
21	1009	自然灾害防御	“空天地深”一体化高位远程链式地质灾害动态监测与风险预警技术	93.83
22	3002	重大疫情防控	突发传染病事件的智能流调技术	86.20
23	5004	综合应急技术	巨灾精准预警与预警发布技术	84.00
24	5002	综合应急技术	重大灾害事故及多灾种耦合实验仿真与情景推演技术	83.44
25	4006	安全韧性城市	城市道路及地下空间安全隐患诊断与风险预警关键技术	81.88

续表

排名	技术编号	子领域	技术方向	综合重要性指数
26	2003	事故灾难防范	煤矿深部开采重大灾害防控技术	81.74
27	2004	事故灾难防范	重点行业领域典型职业危害防治技术装备	81.37
28	4008	安全韧性城市	城市基础设施复杂级联失效仿真模拟与韧性提升技术	80.22
29	1008	自然灾害防御	地震危险性多概率多参数全频段评价与地震灾害情景动态构建技术	78.44
30	4002	安全韧性城市	超大城市安全运行精细化数字仿真模拟和运行调度关键技术	78.42

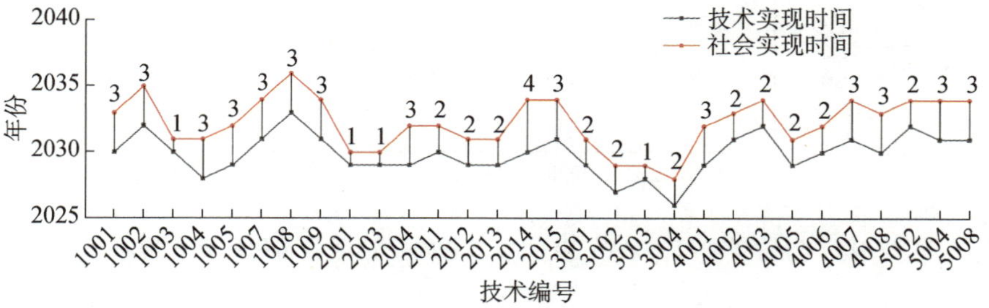

图 3-5　技术实现时间与社会实现时间差距

注：技术编号对应的技术方向详见表 3-1。

（2）综合重要性指数排名前 30 的技术方向的技术实现时间及子领域分布

以技术实现时间为横轴，技术实现到社会实现的时间跨度为纵轴作图，如图 3-6 所示。可以看出，重大疫情防控子领域的技术主要在左下角，即该子领域的技术实现时间较短，社会实现时间也较短；安全韧性城市子领域和事故灾难防范子领域的部分技术位于右上角，即该子领域的技术实现时间较长，社会实现时间也较长；自然灾害防御子领域的技术分布较为分散，技术实现时间有长有短，但社会实现时间都较长。

3. 中国与世界技术实现时间差距比较分析

对综合重要性指数排名前 10 的技术方向，比较分析中国与世界的技术实现时间差距。中国技术实现时间晚于世界 0—4 年。其中，城市和城市群重大疫情的社会化防控体系与社区韧性（排名第 7）接近国际先进水平（图 3-7）。

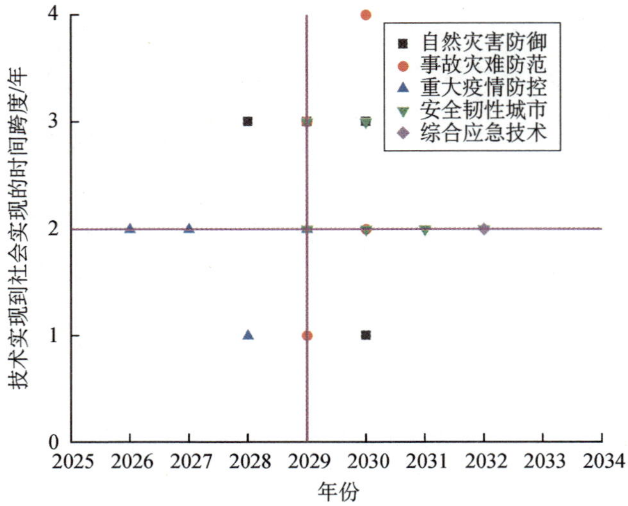

图 3-6　综合重要性指数前 30 的技术方向子领域分布与技术实现时间

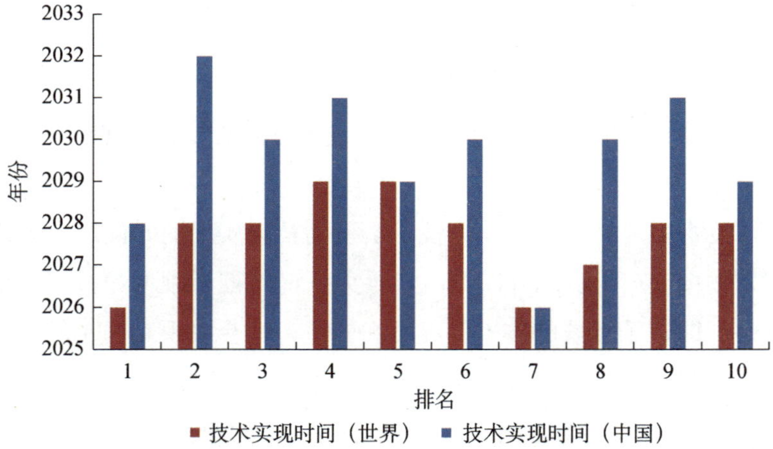

图 3-7　综合重要性指数前 10 的技术方向中国与世界技术实现时间差距

4. 技术实现时间与综合重要性指数分析

将综合重要性指数排序前 1/3 的区域定义为“高重要程度”区域，中间 1/3 区域定义为“中重要程度”区域，后 1/3 区域定义为“低重要程度”区域。同时对技术实现时间进行分类，将 2025 年前定义为近期，2026—2030 年为近中期，2031—2035 年为中长期，2036 年以后为远期。

根据德尔菲调查的结果，技术方向按照“技术实现时间”和“综合重要性指数”两个指标进行分类，结果如图 3-8 所示。

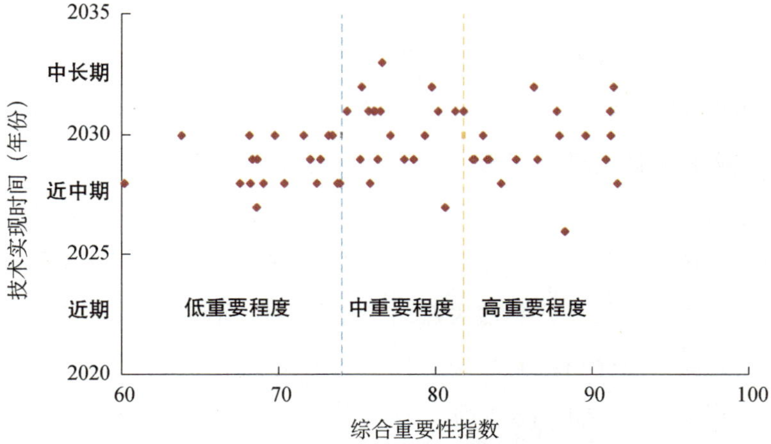

图 3-8　技术实现时间与综合重要性指数分析

在所预见的全部技术方向中，约 71.9%的技术方向将在近中期实现，约 28.1%的技术方向将在中长期实现。“高重要程度”区域内预计近中期能够实现的技术方向有 12 个，分别是重大传染病预测模型及防疫政策评估技术，氢能储存、运输安全保障技术，全球重大突发传染病智能化主动监测预警技术，极端气象灾害监测预报预警技术，城市和城市群重大疫情的社会化防控体系与社区韧性，台风、暴雨、洪水和冰雪灾害预评估及风险管理技术，化学储能设施安全保障技术，煤矿重大灾害灾变综合判识、监控预警技术和平台，主要江河防洪区全域特大洪涝灾害风险动态分析与预测技术，城市极端洪涝灾害全过程动力学模拟模型与分析评价关键技术，城市重特大火灾和新型火灾风险评估、预防监测与处置技术，航空交通运输安全体系化保障技术，城镇多灾种综合风险评估与系统韧性提升技术，城市生命线系统安全运行监测、预警和联动控制关键技术；预计中长期能够实现的技术方向有 5 个，分别是无缝隙高精度气象数值预报技术，面向未来城市空中交通与自动驾驶的安全管理与事故防控技术，海洋灾害精细化监测预报预警技术，城市安全运行监测核心高端传感器与仪器关键技术，重大基础设施及重大工程韧性增强技术。

（二）技术重要性分析与关键技术选择

1. 核心性指数排名前 10 的技术方向

核心性指数排名前 10 的技术方向如表 3-2 所示，可见自然灾害防御、重大疫情防控两个子领域的核心性占比较高。针对每个子领域，核心性指数排名最高的技术项分别是自然灾害防御子领域的无缝隙高精度气象数值预报技术，重大疫情防控子领域的重大传染病预测模型及防疫政策评估技术，事故灾难防范子领域的面向未来城市空中交通与自动驾驶的安全管理与事故防控技术，安全韧性城市子领域的城市安全运行监测核心高端传感器与仪器关键技术，综合应急技术子领域的复杂应急现场处置与救援关键技术与智能化、高效能装备。

表 3-2　核心性指数排名前 10 的技术方向

子领域	技术方向	核心性指数
自然灾害防御	无缝隙高精度气象数值预报技术	95.59
重大疫情防控	重大传染病预测模型及防疫政策评估技术	95.19
事故灾难防范	面向未来城市空中交通与自动驾驶的安全管理与事故防控技术	92.19
事故灾难防范	氢能储存、运输安全保障技术	91.76
自然灾害防御	海洋灾害精细化监测预报预警技术	91.67
重大疫情防控	全球重大突发传染病智能化主动监测预警技术	90.63
安全韧性城市	城市安全运行监测核心高端传感器与仪器关键技术	89.49
自然灾害防御	极端气象灾害监测预报预警技术	89.38
自然灾害防御	台风、暴雨、洪水和冰雪灾害预评估及风险管理技术	89.38
综合应急技术	复杂应急现场处置与救援关键技术与智能化、高效能装备	85.66

2. 通用性指数排名前 10 的技术方向

通用性指数排名前 10 的技术方向如表 3-3 所示。重大疫情防控子领域占 4 项，其中重大传染病预测模型及防疫政策评估技术的通用性指数最高，研究表明该领域方向技术的应用范围相对较广泛、技术交叉性较强，是多行业共性技术。另外，自然灾害防御子领域的无缝隙高精度气象数值预报技术，事故灾难防范子领域的氢能储存、运输安全保障技术，综合应急技术子领域的应急数智化战场决策指挥技术也是子领域通用性排名较高的技术方向。

表 3-3　通用性指数排名前 10 的技术方向

子领域	技术方向	通用性指数
自然灾害防御	无缝隙高精度气象数值预报技术	89.71
重大疫情防控	重大传染病预测模型及防疫政策评估技术	88.46
重大疫情防控	城市和城市群重大疫情的社会化防控体系与社区韧性	87.25
事故灾难防范	氢能储存、运输安全保障技术	85.00
自然灾害防御	台风、暴雨、洪水和冰雪灾害预评估及风险管理技术	84.59
事故灾难防范	面向未来城市空中交通与自动驾驶的安全管理与事故防控技术	84.38
重大疫情防控	突发传染病事件的智能流调技术	84.00
自然灾害防御	极端气象灾害监测预报预警技术	82.53
综合应急技术	应急数智化战场决策指挥技术	82.04
重大疫情防控	全球重大突发传染病智能化主动监测预警技术	80.21

3. 经济发展重要性指数排名前 10 的技术方向

经济发展重要性指数排名前 10 的技术方向如表 3-4 所示。整体而言，本领域技术方向的经济发展重要性较高，前 10 项技术重要性指数均超过 90，可能产生重大的经济效益。前 10 项中有 5 项为自然灾害防御子领域的技术，分别为海洋灾害精细化监测预报预警技术，台风、暴雨、洪水和冰雪灾害预评估及风险管理技术，主要江河防洪区全域特大洪涝灾害风险动态分析与预测技术，极端气象灾害监测预报预警技术，无缝隙高精度气象数值预报技术。由此可见，自然灾害防御对于经济发展而言至关重要。重大疫情防控子领域的全球重大突发传染病智能化主动监测预警技术、城市和城市群重大疫情的社会化防控体系与社区韧性，以及事故灾难防范子领域的氢能储存、运输安全保障技术，面向未来城市空中交通与自动驾驶的安全管理与事故防控技术，化学储能设施安全保障技术的经济重要性也很高，对未来产业的发展具有推动作用，值得关注。

表 3-4 经济发展重要性指数排名前 10 的技术方向

子领域	技术方向	经济发展重要性指数
自然灾害防御	海洋灾害精细化监测预报预警技术	97.22
重大疫情防控	全球重大突发传染病智能化主动监测预警技术	96.88
自然灾害防御	台风、暴雨、洪水和冰雪灾害预评估及风险管理技术	95.21
自然灾害防御	主要江河防洪区全域特大洪涝灾害风险动态分析与预测技术	94.87
自然灾害防御	极端气象灾害监测预报预警技术	94.86
事故灾难防范	氢能储存、运输安全保障技术	94.12
重大疫情防控	城市和城市群重大疫情的社会化防控体系与社区韧性	94.12
事故灾难防范	面向未来城市空中交通与自动驾驶的安全管理与事故防控技术	93.75
事故灾难防范	化学储能设施安全保障技术	93.21
自然灾害防御	无缝隙高精度气象数值预报技术	93.14

4. 社会与国家安全重要性指数排名前 10 的技术方向

社会与国家安全重要性排名前 10 的技术方向如表 3-5 所示。本领域技术方向的社会与国家安全重要性排名较高，前 10 项均超过 90。前 10 项中重大疫情防控子领域和自然灾害防御子领域各 3 项，分别为全球重大突发传染病智能化主动监测预警技术、重大传染病预测模型及防疫政策评估技术、城市和城市群重大疫情的社会化防控体系与社区韧性，以及极端气象灾害监测预报预警技术、无缝隙高精度气象数值预报技术、海洋灾害精细化监测预报预警技术。社会治理子领域占 2 项，主要围绕在涉恐涉爆方面，即暴恐案件多维信息融合监测预警与快速处置技术和涉恐涉爆涉稳风险智能感知与主动防控技术。事故灾难防范子领域和安全韧性城市子领域各占 1 项，分别为氢能储存、运输安全保障技术和城镇多灾种综合风险评估与系统韧性提升技术。

表 3-5　社会与国家安全重要性指数排名前 10 的技术方向

子领域	技术方向	社会与国家安全重要性指数
重大疫情防控	全球重大突发传染病智能化主动监测预警技术	96.88
重大疫情防控	重大传染病预测模型及防疫政策评估技术	96.15
自然灾害防御	极端气象灾害监测预报预警技术	95.89
事故灾难防范	氢能储存、运输安全保障技术	95.29
重大疫情防控	城市和城市群重大疫情的社会化防控体系与社区韧性	94.61
社会治理	暴恐案件多维信息融合监测预警与快速处置技术	94.44
自然灾害防御	无缝隙高精度气象数值预报技术	93.63
自然灾害防御	海洋灾害精细化监测预报预警技术	93.06
社会治理	涉恐涉爆涉稳风险智能感知与主动防控技术	93.06
安全韧性城市	城镇多灾种综合风险评估与系统韧性提升技术	90.71

5. 技术方向重要性综合分析

将以上单因素指数进行综合，形成综合指数，用以筛选重要技术、共性技术和颠覆性技术。其中技术应用重要性指数为经济发展重要性指数和社会与国家安全重要性指数合成的算术平方根，三个综合指数分别由核心性、通用性和颠覆性指数乘以技术应用重要性指数得到。指数间的关系如图 3-9 所示。

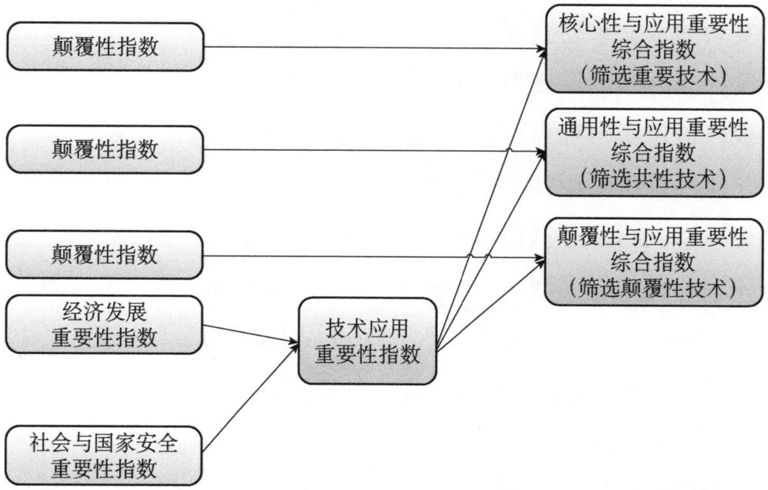

图 3-9　重要性指数关系图

（1）本领域重要技术方向

通过综合技术核心性指数和技术应用重要性指数，得到核心性与应用重要性综合指数，即重要技术重要性指数。以此为基础，经过专家研讨分析，提出本领域前10个重要技术方向，具体如下。

1）无缝隙高精度气象数值预报技术。数值模式的预报结果及构建的基于自主数值预报业务系统的全球大气再分析资料可为极端气象灾害风险评估、影响预报和应急联动等提供科学支撑。无缝隙高精度气象数值预报技术成为自然灾害防御的重要纽带，具有重要的通用性和推广应用价值。无缝隙高精度气象数值预报技术包括：从全球到对流尺度、短时到中期、确定性到集合的无缝隙高精度气象数值预报技术体系，实现气象核心科学技术自主可控，同化全球陆面、积雪、海温、海冰等资料的全球中期确定性预报及集合预报系统，中尺度预报及集合预报系统；高分辨率快速同化循环预报系统，对流可分辨集合预报技术及基于自主数值预报业务系统的全球大气再分析等。

2）城市极端洪涝灾害全过程动力学模拟模型与分析评价关键技术。城市复杂下垫面和人为影响因素众多，自然因素、工程设施和人类活动作用影响，形成地表最为复杂的巨系统，导致城市洪涝灾害成为最复杂的水文水动力过程，认知和模拟难度极大。城市极端洪涝灾害全过程动力学模拟模型与分析评价关键技术通过场次降雨时空特征的分析，构建城市降雨产流—坡面汇流—管网汇流—河网汇流—水体调蓄—防洪排涝工程调度全过程耦合计算模型，结合关键水交换过程的物理模型试验及模拟样本的人工智能研究，分析城市水动力相应变化规律，解决现有模型在复杂构筑物、雨箅子物理交换等方面普遍存在的过度概化导致的与实际排水运动过程不符、局部计算结果失真等问题，提出一套实用可靠的城市雨洪计算新方法。

3）化学储能设施安全保障技术。在“碳达峰、碳中和”目标的驱动下，能源结构加速转型，风电、光伏发电加速发展。为破解“间歇性魔咒”[17]，一批化学储能设施投建运行，覆盖油、气、氢、电等的综合能源站加快发展。然而，国内外相应事故频繁发生，相应地，安全风险防控体系仍不健全，需要统筹考虑各类安全风险，特别是耦合风险的防控。针对化学储能设施，研究热失控抑制及智能预警等安全保障技术，重点突破新型储能接入电网系统的控制保护和安全防御技术、系统多级防护结构及关键材料、高效灭火及防复燃技术，构建化学储能设施安全保障技术体系。此外，针对综合能源站，形成全链条风险定量表征—监测—防护技术体系和安全标准体系。

4）煤矿重大灾害灾变综合判识、监控预警技术和平台。研发煤矿隐蔽致灾地质因素动态智能探测技术与装备，煤矿安全关键参数实时在线监测、采集及传输技术，基于大数据的煤矿安全信息挖掘分析技术，煤矿重大灾害区域化智能防控技术与装备，采区危险区域安全风险智能巡检技术；建立煤矿重大灾害灾变判识和评价模型，构建集煤岩瓦斯动力灾害、火灾、水灾等重大灾害于一体的自动监控与智能预警平台。实现煤层顶底板岩层垂向 30 m 深度、巷道前方 200 m 范围内隐蔽致灾地质因素实时动态探测；富水采空区探测精度达到 95%，富水陷落柱探测精度达到 90%，瓦斯富集区探测精度达到 90%，应力异常区（带）探测精度达到 90%；预警系统巡检周期≤2 s，预警准确率达 90%以上。

5）重大传染病预测模型及防疫政策评估技术。充分利用大数据和人工智能科技创新手段，研究重大传染病疫情时空传播风险估计与预测、态势感知与研判、情景推演与计算实验及围堵策略量化评估的新模型和新技术；根据大数据驱动的公共卫生应急管理与决策范式，建立重大传染病在宏观与微观尺度的人工疫情系统，集成研发重大传染病多尺度时空传播风险的全景态势感知、预测与防控决策平台；针对潜在出现的典型疫情情景，实现高精度、高仿真的模拟演练，并可通过计算实验对各类防控策略组合效果进行推演评估，发现现有的无效/

17 主要指由于自然条件限制，发电功率出现不连续、不稳定的现象。

低效措施，在疫情风险与精准之间优化防控举措；对社会化防疫策略的经济影响进行研判分析，为高复杂性的公共卫生应急管理提供决策支持，满足我国生物安全风险防范与重大传染病疫情防控的重大需求。

6）城镇多灾种综合风险评估与系统韧性提升技术。城市在发展运行的过程中，既面临自然灾害的侵袭，也面临事故灾害的干扰。随着城市规模、结构、功能的日趋复杂，灾害对城市的影响也越来越大，开展城镇多灾种综合风险评估有助于把握城市发展中面临的不确定问题，为韧性城市建设提供更好的指引。目前，我国在灾害系统与风险系统复杂性的认识、风险评估模型、灾害损失评估方法、应急能力评估体系和综合风险管理模式等方面已具备一定的理论基础。但面对目前依旧严峻复杂的灾害风险形势，尤其是城镇化进程中的灾害复杂性、连锁性、耦合性特征，还须强化相关理论研究，研究城镇多灾种耦合事件、事件链、灾害链综合分析技术，城镇风险隐患动态识别与规避技术，城镇承灾载体脆弱性分析技术，城镇多灾种综合风险评估和安全规划技术，城镇在突发事件压力下可持续运行和快速恢复技术，城市精细化治理技术和城镇韧性提升技术等。

7）城市安全运行监测核心高端传感器与仪器关键技术。感知体系是智慧城市建设的重要基础设施。利用智慧城市建设契机加快推动高端仪器装备和传感器产业发展意义重大。我国传感器产业整体上“小而散”，虽然已形成从技术研发、设计、生产到应用的完整产业体系，但主要聚焦于中低端市场。传感器技术整体向着微机电系统（microelectromechanical system，MEMS）技术、无线数据传输技术、红外技术、新材料技术、纳米技术、陶瓷技术、薄膜技术、光纤技术、激光技术、复合传感器技术等多学科交叉融合的方向演进。

8）复杂应急现场处置与救援关键技术与智能化、高效能装备。现阶段我国应急管理装备发展不平衡不充分的问题仍然比较突出，主要表现在以下两个方面。一是装备核心能力不强，对影响我国现代化进程的巨灾风险防御装备体系和国家核心装备理论体系缺乏研究和布局，复杂困难救援缺乏攻坚克难装备；二是装备的现代化程度不高，网络化、信息化程度低，智能化、轻型化水平不高，难以形成规模效应和有效协同。为改善这一现状，应研究构建快速覆盖灾区的无盲区应急无线通信网络；研究重点灾害区域全覆盖、重点位置全天候、重点风险源随时监测的公共安全监测预警技术及装备；研发突发事件现场信息快速获取和传输技术与产品；针对高风险救援场景研发系列智能无人装备；研发灾害环境下受困人员生命探测及搜寻技术，提升装备轻量化、集成化水平；研发系列化、成套化的大型储罐灭火、透地通信、井下快速灭火、石油天然气井喷处置等关键技术装备，加深装备标准化、模块化程度；研发高原、高寒、核生化、复杂地形和断电、断网、断路等极端条件下巨灾综合救援、应急抢险装备，构建自主可控的先进应灾装备体系。

9）重大灾害事故及多灾种耦合实验仿真与情景推演技术。研建多灾种耦合巨灾环境数值模拟器和巨灾实体模拟装置，发展跨地球尺度、灾害带尺度、区域尺度、局地尺度的巨灾模拟理论和模型系统，突破灾害动态仿真与情景推演核心技术，实现实验与仿真推演平台自主可控。研究复杂条件下重大灾害事故的多物理场耦合演化模式，重大灾害事故的动力学演化规律与风险分析方法，实现地震、强风、暴雨、暴雪、冰冻、火灾、危险化学品泄漏等原生灾害，以及上述灾害的次生衍生等多灾种及其耦合作用的综合模拟与风险评估计算分析，探索巨灾发生发展演变的新征兆、新形态、新现象、新规律，持续构建完善全球和我国的“巨灾数据库”。解决灾害演化动态仿真预测问题，研究基于多源数据融合的三维数字模型快速、动态建模技术，研究基于多源数据和物理模型的“数据-模型混合驱动”高精度、快速、动态仿真技术，研究虚实交互的灾害仿真结果动态可视化技术，为巨灾情景的仿真推演和预测预警提供支撑。研究城市和城市群巨灾风险的同质、异质耦联关系和强、弱耦联关系，提出城市和城市群的系统化、多层级、跨尺度巨灾情景构建和情景推演方法。研究观测数据与数值计算融合的巨灾情景数字孪生技术，实现基于人工智能的计算情景与真实情景间的多参数、多维度高效匹配与自适应交互修正，构建数据-计算高度融合的巨灾情景多维度、全过程、自更新的数字孪生技术，研发全过程、全景式巨灾情景推演平台。

10）社会治安立体防控技术。研究空域、周界和区域一体化安全风险感知防控技术；研究多场景联动的公共安全视频深度分析技术；研究暴恐及突发事件预警、人车物精细化管控技术；研究时空轨迹推演及人员轨迹还原技术；研究多维特征融合身份计算技术；研究新型网络安全治理、移动互联网内容分析等技术；研究法定身份凭证新型防伪技术；研发应用于侦查、巡逻、取证等警务工作的无人平台。

（2）本领域共性技术方向

通过综合技术通用性指数和技术应用重要性指数，得到通用性与应用重要性综合指数，即共性技术重要性指数。以此为基础，经过专家研讨分析，提出本领域前10个共性技术方向，如下。

1）无缝隙高精度气象数值预报技术。具体参见上文“（1）本领域重要技术方向”中“1）无缝隙高精度气象数值预报技术”。

2）地震危险性多概率多参数全频段评价与地震灾害情景动态构建技术。我国京津冀城市群等大多数城市群处于强震高风险地区，“丝绸之路经济带”基本上沿着强震高发区域延伸。地震评价和情景构建是防御和减轻重大地震灾害风险以及可能给经济社会带来严重冲击的重要共性技术。研究地震危险性多概率多参数全频段评价关键技术，重点发展时间相依的极低概率地震危险性分析技术，研究多尺度地下结构模型的宽频带地震动预测技术，探索城市地区高精度地震区划技术；建立地震灾害情景构建和推演方法体系，可展现大震巨灾情景及其未来演化趋势，加强对灾害的认识和后果研判；以突破大震巨灾风险评价与情景构建技术瓶颈，形成风险评估与监控技术系列为主要目标，突破大震巨灾风险源识别、评估、实时监控和情景分析等关键技术，提高城市群及国家重大基础设施的地震灾害风险判别能力，为科学防灾备灾提供依据。

3）城市重特大火灾和新型火灾风险评估、预防监测与处置技术。随着城市化发展继续，大空间、高净空、多功能以及各类复杂结构建筑将大量出现，大空间、多类型复合火灾的智能化探测及预警防控需求迅速提升。发展围绕城市群超高层建筑、城市综合体、大型物流仓储园区、大型化工园区等火灾高危场所的消防安全设计、火灾风险评价、火灾智能监测预警与防控技术；解决城市综合管廊等城市生命线系统、地下交通系统、新能源交通系统的消防安全问题。基于城市重特大火灾和新型火灾风险评估、预防监测与处置技术，研发获得的风险防控区域火灾蔓延数字孪生预测模型，基于大数据、人工智能的社会消防安全管理技术，灭火与应急救援高新装备与模拟训练设施，火灾成因智能调查分析技术等，可为未来城市重大火灾、新型火灾的智能预警防控提供有效保障。

4）航空交通运输安全体系化保障技术。我国航空交通迅猛发展，《国家综合立体交通网规划纲要》提出发展通用航空，构建城市群内部快速空中交通网络，到2035年基本建成便捷顺畅、经济高效、绿色集约、智能先进、安全可靠的现代化高质量国家综合立体交通网。开展航空交通运输安全体系化保障技术研究，研发飞行器适航与健康管理技术、“空-天-地”一体化网络的信息安全保障技术、航班安全运行风险实时感知与智能预警、高原机场飞行区安全监控与风险预警技术，开展飞行中新型机载防火系统材料、结构，绿色航汽、绿色航滑制备材料、合成工艺等方面的共性技术研究，可有效提升我国航空安全领域内航空交通运输飞行器持续适航能力、航空安全网络防御能力、航空安全运行风险智能监测与预警水平，以及提高航空运输领域的绿色发展水平。

5）城市和城市群重大疫情的社会化防控体系与社区韧性。新冠疫情带来的冲击广泛而深刻，在此过程中，城市和社区在重大疫情防控中所发挥的关键作用得以充分彰显，尤其需要监测预警、疫情追踪、社会响应等共性技术的支撑。基于大数据多源异构与多模态公共卫生数据融合技术，研究人、地、物、活动等疫情要素智能感知技术，研究互联网数据分析技术和基于医疗大模型的疫情监测预警技术等；研究构建全球、城市群、社区等多尺度传染病传播预测分析与趋势研判模型，研究多层次防控策略和应急能力相结合的疫情情景推演和交互式决策平台；研究重大疫情的社会运行和经济影响研判和情景推演方法，研究医疗资源、防控物资、生活保障、人员安置等重大疫情应急处置技术，研究大规模感染人群的流行病学调查、追踪、防控、溯源等关键技术，提高疫情防控的精度和效率。

6）超大城市安全运行精细化数字仿真模拟和运行调度关键技术。运用数字技术推动城市管理手段、管理模式、管理理念创新，让城市更聪明、更智慧，是推动城市治理体系和治理能力现代化的必由之路。开展城市运行、自然灾害、突发事件等的仿真模拟，为城市规划、管理、应急救援等制定科学决策，促进城市安全运行；综合运用有限元分析、计算流体力学、多物理场耦合等核心技术，可以在构建数字城市时实现面向对象仿真、智能仿真、分布交互仿真、虚拟现实仿真等；通过态势感知、监测预警、决策分析、联动指挥等精细化应用，为城市、园区、文博、农业、能源等多场景多行业提供运行调度关键技术支撑。

7）应急数智化战场决策指挥技术。数字化、智能化是当今应急指挥、救援处置的主要方向。面向未来应急救援数字化战场构建与智能决策指挥体系的构建需求，提高风险感知、灾害监测、决策指挥与应急救援的全方位能力，亟须攻克一批应急数智化战场决策指挥的共性技术，加快应急管理体系的数智化转型。研究综合运用战术互联网、物联感知、边缘计算、融合通信等新技术，实现应急现场快速、可靠的战术通信网构建，以及风险的提前感知与灾害的精准监测预警；研究灾害物理模型耦合、多智能体救援模拟、强化学习决策生成等关键技术，构建以灾害救援决策生成为大脑、以智能化指挥调度平台为神经、以装备物联网为末梢、以救援装备人员为四肢的重特大灾害救援数智化作战决策指挥体系，实现战场要素数字化、救援态势可视化、指挥调度扁平化、救援行动协同化，大力提升应急战场决策指挥的科学化、专业化、智能化、精细化水平。

8）巨灾综合应急救援理论。随着社会经济的迅速发展，各种巨灾型突发事件的发生频率、影响范围与破坏程度也随之不断增长、扩大和加深，亟须构建巨灾防范、指挥救援的共性技术。开展业务连续性管理、情景构建等方法相结合的巨灾应急理论，发展综合应急和风险管理理论，研究面向承灾体灾害后果的风险预测与评估的新方法和新技术体系；加强巨灾保险、社会响应、国家韧性等制度设计和方法，建立巨灾综合安全信息管理制度，构建平战结合、平灾结合的大情报信息体系，研究数据驱动的巨灾应急决策支持方法和技术；完善现场指挥和后方领导决策的应急救援整体制度设计，加快建立标准化突发事件指挥体系，建立数字化应急预案体系和知识管理系统；对应急资源的高效合理调配进行研究，以确保在突发事件发生时能够迅速投入足够的人力、物力和财力资源，并形成应急资源的储备、调配和更新技术与管理体系。

9）社会治理多源信息全息感知与处理。随着社会数字化、智能化的深度发展，探索智能社会的运行逻辑与治理模式意义重大。通过社会治理多源信息全息感知与处理技术，同时获取和分析来自不同来源的信息，包括实体空间信息（多维数据采集、视频图像信息、生物特征）、网络对象（网络空间测绘、开源情报获取、高速数据捕捉、新型网络协议解析与还原、密态数据、舆情数据）等，研究海量、异构、分布的大规模跨媒体数据解析、融合、存储，实现全面、准确的感知和认知，形成顶底穿透式社会治理方式。基于大数据、文本解析、知识图谱和深度学习技术解决海量多源异构社会治理数据融合治理问题；利用人工智能算法开展多源数据融合，构建社会治理风险模型，解决社会风险感知预警问题；运用知识图谱技术实现多源异构数据的融合展现分析，为社会治理业务提供智能服务。

10）市域社会治理系统设计与数字化关键技术。市域社会治理是国家治理在市域范围内的具体实施，发挥政治、自治、法治、德治、智治的协调联动作用。该项技术针对物理信息社会三元空间下社会治理难度与复杂度增维提升，以及新老矛盾交织、主体多元化、解决难度大等问题，系统性防范化解社会治理新发风险和各类矛盾，提供基层精细化和市域多元共治协同关键技术。健全重大舆情和突发事件舆论引导机制，提升网络社会治理能力。革新治理方式，将在现代化与数字化转变中，实现工作的智能化升级，构建真实化场景和监管服务相融合的体系，构建立体化平台，加强对相关场景的可视化分析和综合研判，促进社会治理数字化转型。基于场景构建提前规范应急处理措施，快速提高对突发事件的反应和解决能力，最大程度保障人民群众生命安全。

（3）本领域重要颠覆性技术方向

通过综合技术颠覆性指数和技术应用重要性指数，得到颠覆性与应用重要性综合指数，即颠覆性技术重要性指数。以此为基础，经过专家研讨分析，选择以下两项重要颠覆性技术方向。

1）无缝隙高精度气象数值预报技术。具体参见上文“（1）本领域重要技术方向”中“1）无缝隙高精度气象数值预报技术”。

2）面向未来城市空中交通与自动驾驶的安全管理与事故防控技术。城市空中交通旨在解决城市内部极端通勤、城乡和城际通勤等问题，弥补了公路交通对地面空间占用大、运输效率低，轨道交通建设周期长、成本高、对地形要求高、新增或调整线路困难的短板。未来交通中，在城市低空空域内利用垂直起降飞行器实现载人载货运输，城市空中交通将给城市、市郊范围的交通方式带来革命性的改变；地面以传统驾驶、自动驾驶车辆为特征的混合交通形态将会长期共存。围绕空中交通与自动驾驶、自动驾驶与传统驾驶混合的道路交通新型运营场景，研究空中交通与自动驾驶条件下风险及事故机理，构建体系风险管控新理论方法和体系架构，研发基于交通全要素的事故防范技术，对推动未来城市空中交通与自动驾驶发展至关重要，为未来城市交通颠覆性变化提供安全管理和事故防控方法与技术保障。

第二节　平安中国与社会治理领域工程科技体系发展能力分析

一、技术领先经济体

在平安中国与社会治理领域领先经济体中，整体来看，美国的技术较为领先。在自然灾害防御子领域，美国、欧盟的技术领先于我国；日本的部分技术，如地震危险性多概率多参数全频段评价与地震灾害情景动态构建技术、极端环境条件下山地复合链生灾害风险精准防控技术也领先于我国。在事故灾难防范子领域，美国、欧盟、日本均领先于我国。在重大疫情防控子领域，美国领先于我国，欧盟、日本的技术领先程度低于我国。在安全韧性城市子领域和综合应急技术子领域，我国的技术领先程度较低，远低于美国、欧盟和日本。在社会治理子领域，我国的技术领先程度仅次于美国，高于欧盟和日本。

有少部分技术我国领先于其他国家，包括韧性堤坝技术、煤矿深部开采重大灾害防控技术、城市和城市群重大疫情的社会化防控体系与社区韧性。

二、研发水平指数

在本领域 57 项技术方向的研发水平中，研发水平介于 61—80 的有 3 个，介于 20—60 的技术方向有 50 个，低于 20 的技术方向有 4 个。总体而言，我国在平安中国与社会治理领域多数技术方向的研发水平位于中等，总体研发水平仍有待进一步提高。其中，突发传染病事件的智能流调技术研发水平指数最高（为 78），航空交通运输安全体系化保障技术研发水平指数最低（为 12.28）。

三、制约因素分析

整体而言，平安中国与社会治理领域发展的主要制约因素为人才队伍和研发投入。除此之外，自然灾害防御子领域还受到科学原理突破的制约，事故灾难防范子领域、安全韧性城市子领域与综合应急技术子领域还受到工业基础能力及科技资源的制约，重大疫情防控子领域还受到协调与合作的制约，社会治理子领域还受到法律法规政策及协调与合作的制约，其他因素如标准规范、危害性或伦理性风险、国外限制竞争、经济可行性等对这些子领域的制约较为有限。

第四章　平安中国与社会治理领域工程科技发展的战略构想

第一节　发展思路和总体架构

各种突发事件的发生、发展和演变有其自身的规律及特点，只有深刻认识其规律，才能为科学预测与预防突发事件提供理论依据。应大力加强公共安全科技理论的基础研究，构建逻辑严谨、范围全面、符合我国实际情况的理论体系。该体系中需包含全灾种发生、发展的演变过程；探究不同灾害之间以及灾害和人类、环境、社会之间的相互耦合关系，进一步巩固平安中国与社会治理领域的发展基石。

基于公共安全科技理论体系，围绕风险评估与预防—监测预测预警—应急处置与救援—综合保障全流程，综合运用新一代信息技术、材料技术、生物技术、空间技术等先进手段，研发定量化、标准化、综合化、系统化的风险评估与预防技术，形成国际领先的监测预测预警技术，完善智能化、网联化、协同化、全面化应急处置与救援技术及装置，构建跨区域、跨层级、跨部门深度融合的综合保障体系。

立足当前，着眼长远，加强高新技术应用和综合集成，强化实时感知预知、大数据分析决策、多功能智能化应急装备等关键技术研发，引导国防科技成果向公共安全领域转化。聚焦“安全”事业，以科技创新为驱动，以体制优化为保障，以风险预防为立足点，以有效应对和提高韧性为最终目标，构建全方位立体化公共安全网，打造“横向到边、纵向到底”的公共安全脉络体系，系统部署，重点突破，实现我国公共安全由被动应对型向主动保障型转变，开创公共安全新格局。

面向2040年的平安中国与社会治理领域工程科技发展总体架构如图4-1所示。

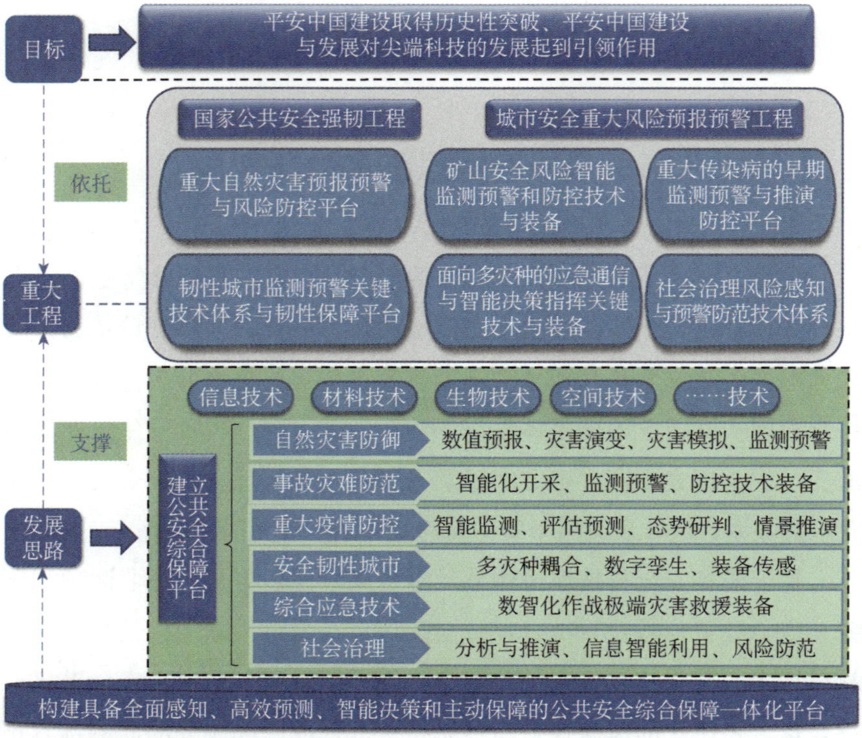

图4-1 面向2040年的平安中国与社会治理领域工程科技发展总体架构

展望2040年，我国综合国力持续提升，新型工业化、信息化、智能化的加速推进必然引起生产、生活方式的变革。平安中国与社会治理领域工程科技发展的重点任务包括：构建具备全面感知、高效预测、智能决策和主动保障的公共安全综合保障一体化平台；研发包括城镇多灾种耦合实验与仿真技术、城镇重大综合灾害情景构建与推演技术；基于数学建模和知识图谱的案例建模和推演技术，突发事件应急处置关键过程再现与全过程评估技术，多源异构公共安全大数据的获取、挖掘、识别与分析技术等，实现多灾种综合应对和行业深度协同；全面提升公共安全的自然灾害防御、事故灾难防范、重大疫情防控、社会治理和综合应急技术能力与水平，构筑全方位立体化的公共安全网；构建从社区安全到韧性城市，再到“一带一路”区域的国家安全战略，改变技术跟跑现状，全面进入领跑新格局。

一、自然灾害防御子领域

以建成高效、无缝隙、全链条的自然灾害风险防控体系为发展目标，围绕发展自然灾害综合监测能力、加强自然灾害孕灾机理研究、构建高效自然灾害预警系统以及发展减灾、避灾和救灾技术，加强理论基础研究，突破关键核心技术，大幅提升自然灾害监测预警与防灾减灾能力。

1）筑牢理论基础，在自然灾害全过程多源资料一体化协同监测基础理论与技术研究，自然灾害演变特征、形成机制及物理规律基础研究，链生灾害风险智能预报预警基础研究等方面取得重大进展，提升自然灾害精准监测预报基础研究和科技创新能力。

2）突破技术瓶颈，发展自然灾害探测及灾害早期识别技术，发展多圈层融合的无缝隙、高精度、自主可控数值预报技术，开展承灾体敏感性或脆弱性精细化诊断和防灾减灾预案设计，发展基于受灾体或受灾对象的灾害影响动态预报或风险预警技术，实现高效、无缝隙、全链条的自然灾害风险防控。

3）多行业联动，全面发展气象与水文、海洋、地质、农业、生态等灾害双向耦合预报技术，全面提升基于影响预报的灾害风险动态评估能力。

二、事故灾难防范子领域

以矿山安全生产事故率大幅度降低为标准指导完成矿山安全隐患探测、重大灾害预警防控、灾害应急救援体系构建；以化工园区多灾害耦合事故应急推演和决策平台为基础，实现危险化学品安全风险全方位感知、灾害智能预警与本质安全能力的提升；基于全国“智慧消防”平台，实现城市火灾高危场所、综合管廊等城市生命线系统消防安全一体化管控能力的提升，实现重点行业灾害事故的精密监测、精确预警、精准防控、高效救援，大幅提升重点行业事故灾害的预警与应急处置能力。

三、重大疫情防控子领域

以突发传染病信息及时准确报送和快速诊断为指导，完成关口前移的重大传染病病原监测系统建立，发展基于人工智能和深度学习的重大疫情风险评估与预报技术，打造可以适用未来传染病的疫苗开发技术和综合一体的疫情防控决策辅助系统。

1）重大传染病病原监测关口仍要继续前移。根据世界动物卫生组织估计，75%的人类新发传染病起源于家畜或野生动物。[18]随着人类社会活动的不断丰富和科学技术的高速发展，人与自然的互动将会更加深入，人与动物之间的相互影响也变得更加复杂。因此，针对重大疫情防控，应该“全国一盘棋”，在全国范围内（特别是生态系统功能复杂、野生动物与人类接触频繁、鸟类长途迁徙中的重要栖息地、野生动物聚集地、动物贸易聚集地等环境中），建立“横向到边、纵向到底”的病原采集、分离、鉴定硬件体系，同时利用飞速发展的数据分析和传输技术，建立“数据在云端、快速可比对”的病原序列数据收集、上报、分析系统。

2）基于人工智能和深度学习的重大疫情风险评估与预报技术。随着生物医学大数据的爆炸式发展，将有能力建立完善针对全链条、全人群、全过程的数据分析系统，同时将能够建立更为强大、模式更加贴近复杂与真实的智能化预警评估模型。

18 One Health.https://www.woah.org/en/what-we-do/global-initiatives/one-health/[2025-03-20].

3）适用于未来新型传染病的疫苗开发技术。为在传染病防控中争取较佳的时间窗口，尽管疫苗开发遵循固定的实验周期和流程，仍致力于缩短其开发周期。在传染病重大疫情未来临的时期，着眼于发展针对高威胁病原的疫苗研发技术。

4）综合一体的疫情防控决策辅助系统。重大疫情对全社会多个方面同时产生复杂作用，需将“疫情传播规律”“卫生健康系统处置能力”“社会干预措施”构建成动态平衡的理论框架，进一步发展完善全球视域下的重大疫情防控科学理论体系。

四、安全韧性城市子领域

基于“一个体系+多个能力”构建具备灾害预先感知、情景实效预测、应对高效决策和灾害精准防范能力的高效能韧性城市。以城市韧性评价标准为指导构建城市安全相关灾害评估体系；以城市灾害智能监测网络为基础形成城市灾害全方位感知能力；以城市巨灾物理试验和数字仿真平台为依托实现真实灾害场景复现、预测和应对的能力；以智能化监测系统和城市综合调度平台为基石落实城市高效运维的能力。

1）完善城市灾害基础理论。聚焦城市安全突发事件及其次生衍生灾害，开展多灾种耦合致灾机理及演化规律研究。针对城市中巨灾与复合耦合灾害、国家重大基础设施互相间的依赖关系、复杂系统级联失效致灾的基础理论开展深入研究，为城市安全韧性技术应用提供坚实的理论基础。

2）突破城市复杂灾害防治方法与技术。研究重大基础设施关键外部威胁、运行风险与脆弱性的深度识别分析方法，突破重大基础设施安全风险的多维监测、智能预警和风险防控技术，为城市安全运行提供体系支撑，从技术跟跑向技术并跑，甚至领跑转变。

3）开创安全韧性城市新能力，充分结合人工智能、5G、物联网、云计算等数据计算与传输能力，实现城市安全感知一张网、风险展现一张图、分析预测一平台、防治指挥一条链、运维保障一盘棋，实现由“以治为主”向“以防为主”转变、“被动应付”向“主动监管”转变，提高对城市安全事故的快速反应和协同指挥能力。

五、综合应急技术子领域

以建成全面、高效、智能的全方位立体化公共安全体系为发展目标，围绕巨灾耦合应对、数智化战场决策指挥、应急管理装备等领域进行科学化、体系化发展，加强理论基础研究，突破关键核心技术，提升突发公共事件应急处置能力与装备技术保障水平，全面推进应急管理体系和能力现代化。

1）夯实理论基础，加强巨灾耦合致灾机理、巨灾应急救援、巨灾应急保障等方面的基础理论研究，提升应急领域的基础研究和科技创新能力。

2）抢占技术高地，攻克数智化战场应急指挥、融合通信、应急装备等核心技术，加快智能化、实用化、轻量化专用救援装备的研制，实现从技术追随到技术引领的转变。

3）拓展成果应用，加快航天、航空、船舶、兵器等军工技术装备向应急领域转移转化，拓展先进安全技术装备在应急各专业领域的推广应用。

六、社会治理子领域

针对新时代社会治理面临风险挑战、存在短板弱项和发展需求，紧扣新时代人民群众对平安中国建设的新需要、新期盼，坚持高起点规划、大融合建设、智能化应用、安全性发展，以智能化为牵引，研究从更高层次、更宽领域、更高水平上推进平安中国建设的科技创新支撑发展战略，为推进社会治理智能化体系和能力现代化提供战略决策及全链条科技创新体系支撑。

1）强化应用基础研究，加强社会治理领域的前瞻性、基础性和原创性科学研究，促进不同学科间的开拓、交叉、渗透与结合。

2）突破关键技术装备的限制，前瞻预判和准确把握社会治理领域技术前沿和战略发展方向，深入研究制约我国社会治理提质增效的关键共性技术，大力推进社会治理智能化关键技术的国产自主化。

3）布局重大科技工程，按照“大系统、大数据、大平台、大装备”总体思路，将创新、协调、绿色、开放、共享的新发展理念有机融合，前瞻布局新一代相关重大科技项目，打造社会治理科技创新应用示范平台。

第二节　战略目标

一、2030 年目标

到 2030 年，全方位立体化的公共安全体系建设初见成效，基本实现从社区安全到韧性城市的国家安全战略，技术跟跑现状有所改善。

在自然灾害防御子领域，建立健全“空-天-地”综合的地球信息观测技术及系统，提升自然灾害综合监测能力；研究自然灾害孕灾机理，发展无缝隙高精度灾害数值预报技术，提升自然灾害预报预警能力；发展基于影响预报的灾害风险动态评估技术，构建高效自然灾害预警系统，提升灾害应急响应水平。

在事故灾难防范子领域，初步建立重点行业领域多灾害耦合风险评估和事故预防体系框架，搭建起大型及超大型危险源风险实时定量评估体系的基础架构，构建重大灾害监控预警和突变综合判识体系的雏形；突发灾变下灾情侦测、应急通信、次生衍生灾害预防预报等能力建设取得阶段性进展，相关技术与机制不断探索完善，为后续体系的健全与深化奠定坚实基础。

在重大疫情防控子领域，初步构建全球重大突发传染病智能化主动监测预警体系框架，基本搭建起全国各地区突发传染病信息报送和快速诊断体系架构，形成全国传染病全面监测监控体系的基础布局，建立突发传染病时间智能快速流调体系的雏形，以及对重大传染病时空传播风险开展初步评估预测、态势感知研判、情景推演计算的体系。

在安全韧性城市子领域，基本形成城市安全韧性评估体系，基本建成对自然灾害和突发事件威胁的城市灾害监测网络，从空间韧性、工程韧性、管理韧性上提升城市整体对灾害的监测、预知、抵御和恢复能力。建立健全城市安全相关的传感器和监测仪器产业体系，基本具备满足城市安全运行监测、调度和运维的软硬件需求。实现城市安全相关的关键技术突破，进一步减少新技术和新应用场景给城市转型、产业发展和社会交互带来的不确定影响。

在综合应急技术子领域，全面建成一体化智慧应急管理体系，基础理论研究取得显著成果，重特大灾害救援数智化作战决策指挥体系基本建成，应急现场处置与救援装备关键技术取得突破性进展，基础研究能力与科技创新水平得到较大提升。

在社会治理子领域，建立面向“物理-社会-信息”三元空间的数字孪生城市系统，场景驱动的智能社会治理实验分析与推演平台建设取得重大突破；轻量化、信息化、一体化的基层治理体系，海量信息智能化管理、快速化处理和安全化共享的信息智能应用体系，虚假与不良信息智能感知、精准识别、主动预警的信息传播协同治理体系基本建成。

二、2040年目标

到2040年，建成全面感知、高效预测、智能决策和主动保障的全方位立体化的公共安全体系，实现从韧性城市到“一带一路”区域安全的国家安全战略，进入领跑新格局。自然灾害防御、事故灾难防范、重大疫情防控领域实现风险评估与预防，实现传统风险可控、新兴和非传统风险可知，监测预警实现信息全面感知、数据多源融合、预测高度智能和预警精准发布等目标。在应急处置与救援方面，实现应急指挥有力、应急协同有序、应急处置高效。社会治理领域实现信息全面感知、社会态势综合研判、社会事件科学决策处置、社会基层高效治理、多模态信息安全共享。综合应急技术领域实现“海-陆-空”全方位、“人-物-信息”三位一体的智慧应急管理体系。在应急处置与救援领域，重大装备、关键核心技术和装备自主知识产权等方面实现全面自主。

在自然灾害防御子领域，形成新一代捕捉范围广、高分辨率、高效率的自然灾害探测体系，全面提升自然灾害综合监测能力；多圈层耦合、无缝隙、高精度的数值预报模式研发取得关键性突破，自然灾害孕灾机理和预测预报能力得到全面提升；全面发展气象、水文、地质、海洋等灾害双向耦合预报技术，全面提升基于影响预报的灾害风险动态评估能力；构建全周期和全链条式的风险评估与预防体系；构建适应极端环境条件的应急抢险处置和高效救援体系，提升灾害应急响应水平。

在事故灾难防范子领域，建成重点行业领域多灾害耦合风险评估和事故预防体系，大型及超大型风险源风险实时定量评估体系，重大灾害监控预警和突变综合判识体系，以及突发灾变下灾情侦测、应急通信、遇险人员精准定位、次生衍生灾害预防预报体系。

在重大疫情防控子领域，建成全球重大突发传染病智能化主动监测预警体系，全国各地区突发传染病信息报送和快速诊断体系，全国传染病全面监测监控体系，突发传染病时间智能快速流调体系，重大传染病时空传播风险评估与预测、态势感知与研判、情景推演与计算体系。

在安全韧性城市子领域，形成对城市安全韧性各领域、多纵深的全方位评估体系，建成覆盖区县级别的城市灾害监测网络，促使超大型、特大型等规模的城市体完全具备对灾害的监测、预知、抵御和恢复能力。形成完整的城市安全韧性相关传感器和监测仪器产业链，构建具备灾情预测、推演、应对、决策能力的城市安全数字孪生系统。实现对城市安全不确定风险扰动的智能感知与实时推演应对，自主减少新技术和新应用场景给城市转型、产业发展和社会交互带来的不确定影响。

在综合应急技术子领域，进一步强化综合应急领域的基础理论研究与科学技术创新，建成具有自主知识产权的重大突发事件应急处置与救援技术体系，注重多学科交叉融合，加快各学科领域的先进技术装备向应急领域转移转化，拓展先进安全技术装备在应急各专业领域的推广应用。

在社会治理子领域，建成面向“物理-社会-信息”三元空间的数字孪生城市系统，形成场景驱动的智能社会治理实验分析与推演平台。建立轻量化、信息化、一体化的基层治理管理体系，形成海量信息智能化管理、快速化处理和安全化共享的信息智能应用体系。同时，虚假与不良信息智能感知、精准识别、主动预警的信息传播协同治理体系全部建成。

到2040年，平安中国与社会治理领域将具备自主可控的创新能力、聚焦前沿的科学探索研究能力、强大持续的经济社会发展服务能力、有效可控的国家安全保障能力、科学高效的现代社会治理能力、互利共赢的国际合作和交流能力，拥有先进开放的突发事件应急平台、国家安全综合保障平台、稳定可靠的应急设施与装备、开拓创新的人才队伍，为实现中华民族伟大复兴的中国梦提供强大支撑，为人类文明进步做出积极贡献。

第五章　平安中国与社会治理领域工程科技重点任务和发展路径

第一节　重 点 任 务

一、自然灾害防御子领域

1. 加强自然灾害机理研究，发展预测预报评估模型

地震、火山爆发等自然灾害给人类带来了巨大灾难。随着科学技术和交通工具的发展，传染病流行范围扩大、异常气候现象增加、核电站事故偶有发生等，现在出现了许多原本无法预想的新灾难。同时，随着人类生产生活不断加重自然界的负担，自然灾害的发展呈现出种类更加繁多、灾害发生更加普遍且更具突发性等特点。全球变暖导致自然灾害更加频繁，灾害类型更加多样；自然灾害在全球范围变得更加普遍且更加突然。与此同时，城市系统的日益复杂化和城镇人口的不断增加对灾害后果的复杂性认知提出了巨大的挑战。厘清自然灾害演化规律，揭示自然灾害诱发机理，将自然灾害形成机理进行转化，形成自然灾害演化模型，是正确面对自然灾害的必要前提，是开拓平安中国与社会治理领域的必要条件。

未来，随着科学技术的跃升式进步及人类对社会、自然的认识更加清晰，自然灾害机理的研究及灾害发展的预测模型将借助数字孪生等技术手段，使得灾害预测模型能够准确包含预测、预报、预防、应急、救灾、评估、重建等各个环节。例如，应用人工智能技术，发掘地球系统观测和数值模式产品等海量数据价值，推动灾害性天气识别、短时临近预警、短中期预报、气候预测、气候变化及检验评估等

全系列技术的数字化创新和标准化升级；将结合经济学、灾害社会学及自然科学的成果，形成防灾减灾的系统工程，为政府决策提供科学依据；能够充分掌握重大自然灾害的内部机理，通过模型对不同类型的自然灾害的发展趋势进行精准预测及研判。

2. 建立健全监测网络，提高自然灾害综合监测能力

中国是全球范围内受自然灾害影响最严重的国家之一，自然灾害种类多、受灾范围广、灾害损失严重等问题一直存在。我国 70%以上的城市、50%以上的人口分布在气象、地震、地质、海洋等自然灾害严重的地区；58%的国土、82%的省会、60%的地级市、54%的县城处于 7 度及以上地震高烈度区；69%的国土面积存在较高的滑坡、泥石流、崩塌等地质灾害风险[19]。进入 21 世纪以来，中国灾情总体呈现下降趋势，绝对灾情指数的省域差距趋缓而相对灾情指数差距扩大。高受灾中心呈西南—东南—西南趋势变化。从绝对灾情指数看，高受灾区域分布在云贵高原、四川盆地及黄土高原东南部区域；低受灾区域主要分布在东北平原、华北平原、西北地区。

未来，遥感技术继续进步，提供更高分辨率、更准确的地球观测数据。卫星、飞机和其他遥感平台的发展将提供更详细的地表信息，包括地形、植被、土壤和水文等，有助于更精确地监测自然灾害的迹象和风险。人工智能和机器学习将广泛应用于自然灾害监测和预测。通过对大量数据的分析和模式识别，人工智能算法可以提取出有用的信息和模式，帮助预测和识别自然灾害的发生概率和影响范围。

总的来说，自然灾害监测技术将朝着更高精度、实时性、智能化和综合化的方向发展，为预防、应对和减轻自然灾害提供更强大的支持和更多可能。然而，技术发展的同时，也需要关注数据隐私、信息安全和社会伦理等问题，以确保技术的可持续和可信赖性。

19　高孟潭.［中国应急管理报］高孟潭：提高我国重大自然灾害防治能力. https://www.mem.gov.cn/xw/mtxx/202202/t20220228_408746.shtml[2022-02-28].

3. 构建高效的灾害预警系统，提升应急响应水平

随着社会持续进步，我国自然灾害的发展态势受多重因素影响，呈现出阶段性特征与新趋势。改革开放 40 多年来，中国的资源型发展方式对生态造成一定破坏，导致自然灾害多发。根据《应急管理部发布2020年全国自然灾害基本情况》，中国自然灾害以洪涝、地质灾害、风雹、台风灾害为主，地震、干旱、低温冷冻、雪灾、森林草原火灾等灾害也有不同程度发生。全年各种自然灾害造成 31 个省（自治区、直辖市）1.38 亿人次受灾，591 人因灾死亡失踪，直接经济损失 3701.5 亿元。

已有的研究表明，如果欧亚地震带上，全年地震释放的能量超过全球地震释放能量的 50%，其后 3 年内中国就有可能发生 7 级以上地震，甚至有发生 8 级地震的可能；若欧亚地震带上的地震能量超过 50%且欧亚地震带上发生过 8 级地震，那么中国可能在 3 年内发生多次 7 级以上地震甚至 8 级地震[20]。但是，该研究通过中日两国对大震巨灾信息公开报道的对比研究发现，两国对信息公开报道采取的有效响应仍然不足。新一代的自然灾害预警系统将更注重实时数据采集和传输的能力。传感器和监测设备将变得更加智能和高效，能够快速、准确地收集数据，并通过先进的通信技术实时传输到预警中心和相关部门。

自然灾害预警系统将变得更加智能化和自动化。通过使用先进的算法和自主决策系统，预警系统可以更快速地分析数据、生成预警信息，并采取相应的行动，如自动触发警报、启动疏散程序等。同时，应急响应能力未来必须得到大幅提升。另外，随着全球化的不断推进，自然灾害预警系统将越来越强调跨区域协同和国际合作。国家和地区之间将加强信息共享、技术交流和合作研究，以提高对跨境自然灾害的预警能力和应对效率。通过不断地完善发展，最终形成“发现

20　陈学忠，李艳娥，王恒信. 欧亚地震带地震活动增强与中国大陆地区 7 级以上地震发生的关系分析. 地震，2014，34（1）：34-40.

问题—修补漏洞短板—优化能力水平”的自我良性、自主运作机制。

二、事故灾难防范子领域

1. 提高矿山深部开采智能化水平

针对深部开采引发的安全和环境风险，需加强矿山深部开采地质灾害透明探测与重大灾害防治等领域先进技术装备创新应用，推进危险岗位机器人替代，推进煤矿装备和工艺过程智能化升级，推进固定岗位的无人值守和危险岗位的机器人替代，推动各生产环节的智能化联动，加快智能化与绿色开采技术融合。

2. 提升危险化学品全链条监测预警能力

针对危险化学品消防、抑爆、堵漏、个体防护等方面的技术装备严重依赖进口问题，重点加强研发10万m^3储罐全液面大型火场灭火技术，开展现场灭火、冷却、侦检、排烟等人工智能技术以及三相射流灭火技术等技术。推动危险化学品安全管理平台形成一体化监控预警网络体系，实时采集危险化学品的生产、经营、运输、仓储、使用和回收等环节的流通信息资源，为危险化学品相关监管部门提供数据支撑及决策支持，依托于各种新技术、新装备的危险化学品本质安全技术将为化工企业提供准确、快速的应急科技支撑。

3. 加强建筑及地下空间安全探测

加强建筑业专业协同设计、参数化建模、服役阶段智能化安全诊治、全生命周期安全监测与评估等领域发展，推动我国城市建筑建造，火灾高危场所消防安全设计、火灾风险评价、火灾监测预警与防控以及智能化、信息化和数字化转型，促进建筑业质量、火灾防控能力的加快提升、结构优化升级。加快城市道路地下空洞检测理论及技术、地下管网检测理论及技术、城市地铁隧道和穿城公路隧道安全检测理论及技术、大数据人工智能平台及政策研究，大力发展城市地下空间安全探测装备、智能化关键零部件与工业软件开发工具。

三、重大疫情防控子领域

1. 提升全球重大突发传染病预警灵敏度

重大新发和再发传染病严重威胁人类健康、经济社会发展与国家安全，且其暴发具有不确定性、危害严重、后果影响深远等特点。多点触发、多渠道、多部门传染病监测信息汇聚，对重大传染病智能感知与快速预警至关重要，是保障国家生物安全、维护人民生命健康的重大需求。提升全球重大突发传染病预警灵敏度要求进一步探究突发传染病多点触发机制，汇聚跨界多源传染病监测数据，构建公共卫生和流行病学的知识图谱，构建支持自适应学习的传染病早期暴发时空异常预警模型。

2. 实现突发传染病事件的智能快速流调

快速流调是阻断疫情传播的重要环节。通过流调数据的无接触自主交互采集、知识引导的流调信息智能解析和关联挖掘、时空协同的突发传染病事件快速识别与溯源、流调全流程数据隐私保护与安全共享等关键技术瓶颈的突破，实现无接触式高可靠度流调，构建人员关联图谱以实现精准溯源，创新智能流调技术和应用模式，助推我国疫情防控能力提升。

3. 提高重大传染病风险评估和响应能力

面对新发突发传染病重大疫情，人类对疾病传播规律的深入认识和全局把握是指导防控措施的核心依据。疾病入侵人类社会后，其传播规律受到疾病流行地区社会文化、政治经济、建筑环境、人群易感性和流动性、个人行为心理乃至国际形势等因素的影响。因此，对疫情传播规律的探索将为全球重大疫情应对提供坚实的科学依据。为满足我国生物安全风险防范与重大传染病疫情防控的需求，应利用大数据和人工智能技术，研究疫情传播预测、态势感知、防控策略评估。同时，应建立疫情模拟系统，实现疫情模拟演练和策略效果评估，优化防控措施，为公共卫生应急管理提供决策支持。

四、安全韧性城市子领域

1. 构建多灾种、多尺度、多层级城市系统韧性全链条系统平台

城市巨灾具有复合性、多样性、区域性、连锁衍生性以及突发性等特征，是大城市发展进程中必须重点关注的关键问题。针对城市关键基础设施，开展重大危险源探测、重大灾害事故风险监测、巨灾等情境下系统大规模失效后果评估和巨灾应急决策关键技术及装备的研发工作。研发“端、边、云、网”多层级智能监测预警技术，形成新型城市尺度灾变遥测系统、城市巨灾模拟器、城市综合风险“数字孪生平台”、超大规模物联网预警平台等一系列韧性监测预警平台，形成超大城市安全运行精细化数字仿真模拟和运行调度关键技术，支撑“工业互联网+智慧服务”的城市安全产业新生态。

2. 研发城市生命线智能安全监测预警技术与装备

城市生命线对于城市正常运行有着至关重要的作用，一旦受到破坏会严重影响城市功能的正常运行甚至带来重大灾难。开展城市生命线监测预警、调控防控和智慧管理等关键共性技术研究，形成城市安全运行监测核心高端传感器与仪器关键技术、基于众筹群智的城市安全预测预警和应急管理技术等，感知城市生命线涉及的水、电、气、热力、交通、综合管廊、危险源等监测数据以及相关人员、设备、设施、环境的安全状态信息，研发城市生命线系统安全运行监测、预警和联动控制关键技术和城市道路、桥梁及地下空间安全隐患诊断与风险预警关键技术等，实现超前的预测、预知、预警、预控和安全运维。研究城市火爆毒风险在线监测和布点优化技术，研制监测传感器及远程控制快速抑爆洗消装备，实现在线监测并评估危害，并且能够快速消除隐患。

3. 研建城市重大基础设施工程失效致灾机理及灾害演化推演技术

研究城市重大基础设施外部威胁、运行风险与脆弱性的深度识别方法，以及城市重大基础设施系统级联失效致灾的基础理论和模型。研究城市突发事件、承灾载体、应急管理三维度相关数据和城市环境数据的大数据建模与采集技术；研究城市运行安全的物联网监测技术和系统；研究全场景数字防灾城市的构建技术。研究多灾种巨灾作用下的城市重大基础设施工程互相依赖、互相关联的复合灾害链和应急决策基础理论，构建如超大城市安全运行精细化数字仿真模拟和运行调度关键技术、重大基础设施及重大工程韧性增强技术、城市基础设施复杂级联失效仿真模拟与韧性提升技术等。研究平衡城市风险后果的损失与防控措施的代价的情景推演技术，精准安全的理论和方法，基于精准安全的空间着力范围、时间着力点以及着力方式和强度应急方法，依靠科学安全的理论、方法、模型、技术、标准和装备，构建智慧精准的多层公共安全防护体系，保障人民的生命安全。

五、综合应急技术子领域

1. 实现跨区域、跨层级、跨部门深度融合应急处置与救援

跨区域、跨层级、跨部门深度融合应急处置与救援是未来平安中国与社会治理领域工程科技的发展趋势之一。为实现不同区域、层级、部门间的深度融合，实现应急现场的高效处置与救援，应重点加强救援理论与先进技术的研究力度。研究巨灾耦合应急援救理论，建立以“救生命、救生产、救生活”为宗旨的巨灾综合风险管理体系和应急救援体系；研究远程化应急处置与救援关键技术、快速疏散和避难技术、多维信息实时传输技术、虚拟仿真技术、人员自动搜救技术、人体损伤评估技术、人员响应量化分析和疏散管控技术、数字化重构与态势感知技术、舆情传播演化和作用机理分析技术、网络舆情

大数据分析技术等，提升应急现场处置与救援技术的智能化、智慧化水平；开发“人-机-物”深度融合的在线应急感知系统和应急机器人等装备，增进协调有序化、救援自动化和管控智能化，发展防灾减灾救灾技术，提升公众自救互救能力，实现应急处置的智能与高效。

2. 研建面向智慧和韧性的公共安全综合保障一体化平台

在万物互联的驱动下，公共安全管理已经呈现出业务持续化管理、跨行业深度融合的特征。为有效应对公共安全风险，需要构建公共安全综合保障一体化平台，实现全流程、全方位的风险评估与预防、监测预测预警、应急处置与救援持续业务管理。重点开展基于巨灾临灾和应急现场监测数据的风险早期识别、快速评估模型与方法的研究；研究精准预报预警技术，建立灾害监测预警与信息发布体系，实现面向公众的灾害预警信息一键式精准靶向发布；研究巨灾复合探测技术体系，以提升全尺度、高精度的风险监测预警能力；研发先进的监测、检测装备和新型传感器，以构建“空-天-地”一体的灾害智能协同感知体系，实现对各类自然灾害的全方位监测和实时感知，为灾害预警和应急救援处置提供精准数据支撑。此外，公共安全领域还需要与交通、危险化学品、舆情、防恐反恐、电力、水利等领域进行深度融合，以实现危险化学品、重点设施（如危险化学品仓库、城市管网、深海管道、交通枢纽等）、重要能源（如电、油、气、氢）等重点领域的安全保障，从而增强社区、城市、（战略）区域的总体安全。

3. 研发新一代公共安全应急平台关键技术及装备

紧密结合国家安全和公共安全的重大战略规划，攻克国家安全和公共安全核心共性技术，以提高国家安全信息集成和危机应对能力，同时提升突发事件处置救援等各个环节的科技水平。为此，需基于物联网、云计算、大数据、模拟仿真、情景构建与推演、虚拟现实等先进技术，实现多灾种综合风险评估、综合风险监测感知、多灾种综合及跨领域预测预警、处置救援和综合保障等领域的多技术集成。重点针对风险监控、监测预警、预防防护、处置救援和综合保障领域，研究构建新一代公共安全应急平台所需的巨灾精准预警与发布、极端复杂环境的个/群体防护、数智化战场决策指挥、复杂应急现场处置与救援及高效能装备等关键技术，研制标准化、体系化、成套化和智能化应急装备，为实现快速、高效的应急响应应对提供技术支撑与装备保障。

4. 构建全方位立体化公共安全网

构建全方位立体化公共安全网，从多方面、多角度建立由事前预防到事中处置、事后重建的全周期公共安全保障体系，实现业务持续管理和应急管理体制机制创新。构建风险评估与预防平台，对潜在的风险进行评估和预测，并提前采取预防措施，进而实现应急管理由目标驱动向风险驱动转变；构建监测预测预警平台，实现气象、洪旱、地震、海啸等自然灾害，以及公共卫生、危险化学品、交通、反恐、舆情等多行业领域协同的系统化监测预警，形成完整的监测预测预警体系，从而提高应对突发事件的能力；构建应急处置与救援平台，推进应急管理跨部门、跨区域信息共享和应急协作联动机制建设，建立标准化的应急指挥体系，实现应急处置高效；构建公共安全综合保障一体化平台，整合信息、技术、装备等各种公共安全保障资源，形成综合性的保障体系，以应对各类突发事件的发生。通过多个平台的建设，建立立体化、系统化、协同化的公共安全网，实现对突发事件的预测、预警、处置和保障，提高公共安全保障能力。

六、社会治理子领域

1. 构建社会治理复杂巨系统演化模型

构建社会治理统一框架理论与模型。研究社会治理复杂巨系统理论模型与动力学协同演化机制；研究科技创新与社会治理体系变革协同演进的互作用机理；研究个体与群体的社会系统建模；研究社会风险产生与演化机理；研究以人为本的社会各要素自组织互联互通理论、环境信息可信与安全共享理论、自然虚实人机交互协同模式以及个体智能与群体智治的融合演进机理；研究以人本智联、安全共享、协同交互、融合演进为内涵的社会治理科技创新统一架构。发展智联网赋能的社会治理科技基础理论。研究社会治理业务特征与科技支撑融合演进机理；研究社会治理泛在感知、广域互联、知识发现、智慧服务的理论体系；研究立体化人机物泛在信息高效采集与处理理论；研究社会治理全域可靠传输及安全共享理论；研究社会治理全维域数据融合计算与知识发现理论；研究人机物三元共融的群体智能理论。

2. 突破社会治理泛在网络信息融合交互技术

研究宽带泛在网络与多尺度组网技术，实现从数据到信息的安全可靠互联共享。研究联防联控业务驱动的“空-天-地-海”立体专用网络体系架构；研究高能效高速社会治理移动通信技术；研究社会治理“空-天-地-海”一体化专用网络隐蔽通信技术；研究极端恶劣环境条件下重要信息隐蔽通信技术；研究抗侦测能效综合提升的多平台协作通信技术；研究基于认知的复杂电磁环境对抗与共存技术；研究无人系统的隐蔽通信传输及大规模无人集群安全对抗技术；研究泛在低功耗设备及物联网关的认证鉴别、数据传输及入侵防护等泛在网络安全与保护技术。研究“空-天-地-海”异构网络信息融合互通与协同应用技术；研究广域即时业务协同天基互联网技术；研究基于区块链的社会治理网信息交互技术；研究专有云及社会治理系统中多业务的共识机制；研究社会治理多领域之间的数据安全共享、隐私保护与致密协同技术；研究社会治安“端、边、云、网”协同值守与防控技术。

3. 研建现代化市域和基层社会治理平台

开展市域社会治理应用示范。整合政法数据、政务数据等社会治理相关数据，构建治理与服务并重的应用体系，形成市域社会治理体系及相关标准，在试点地区开展跨部门、跨层级、跨地域政法协同支撑平台与技术应用示范，基层社会精细化、精准化治理应用示范，边疆地区社会治理现代化应用示范等，探索可推广的建设及应用模式，在先进地区进行推广。

第二节　发展路线图

为实现自然灾害防御水平明显提升，灾害事故人数大幅减少，应对公共卫生事件能力提高，社会治理特别是基层治理水平明显提高，防范化解重大风险体制机制不断健全，突发公共事件应急处置能力显著增强，开展定量化、标准化、综合化、系统化的风险评估与预防技术，国际领先的监测预测预警技术，以及智能化、网联化、协同化、全面化的应急处置与救援技术研究，逐步构建跨区域、跨层级、跨部门深度融合的应急与救援体系，建立信息化、科技化的应急救援队伍。通过国家公共安全强韧工程和城市安全重大风险预报预警工程两项重大工程，实现提高民众公共安全意识和应急响应能力、健全公共安全体系和开展城市安全重大风险预报预警，实施国家安全重大战略。到 2040 年，将进一步和国际先进的研究机构等进行深入合作，加大人才培养规模，加强人才培养力度，组建一支专业广、技能强、水平高的专业化人才队伍。面向 2040 年的中国平安中国与社会治理领域工程科技发展路线图见图 5-1。

一、自然灾害防御子领域

在自然灾害防御子领域，建成高效、无缝隙、全链条的自然灾害风险防控体系。研究目标包括加强自然灾害孕灾机理研究、发展自然灾害综合监测能力、构建高效自然灾害预警系统与发展减灾避灾和救灾技术。重点任务包括加强自然灾害机理研究，发展预测预报评估模型；建立健全监测网络，提高自然灾害综合监测能力；构建高效的灾害预警系统，提升应急响应水平。关键技术包括极端气象灾害监测预

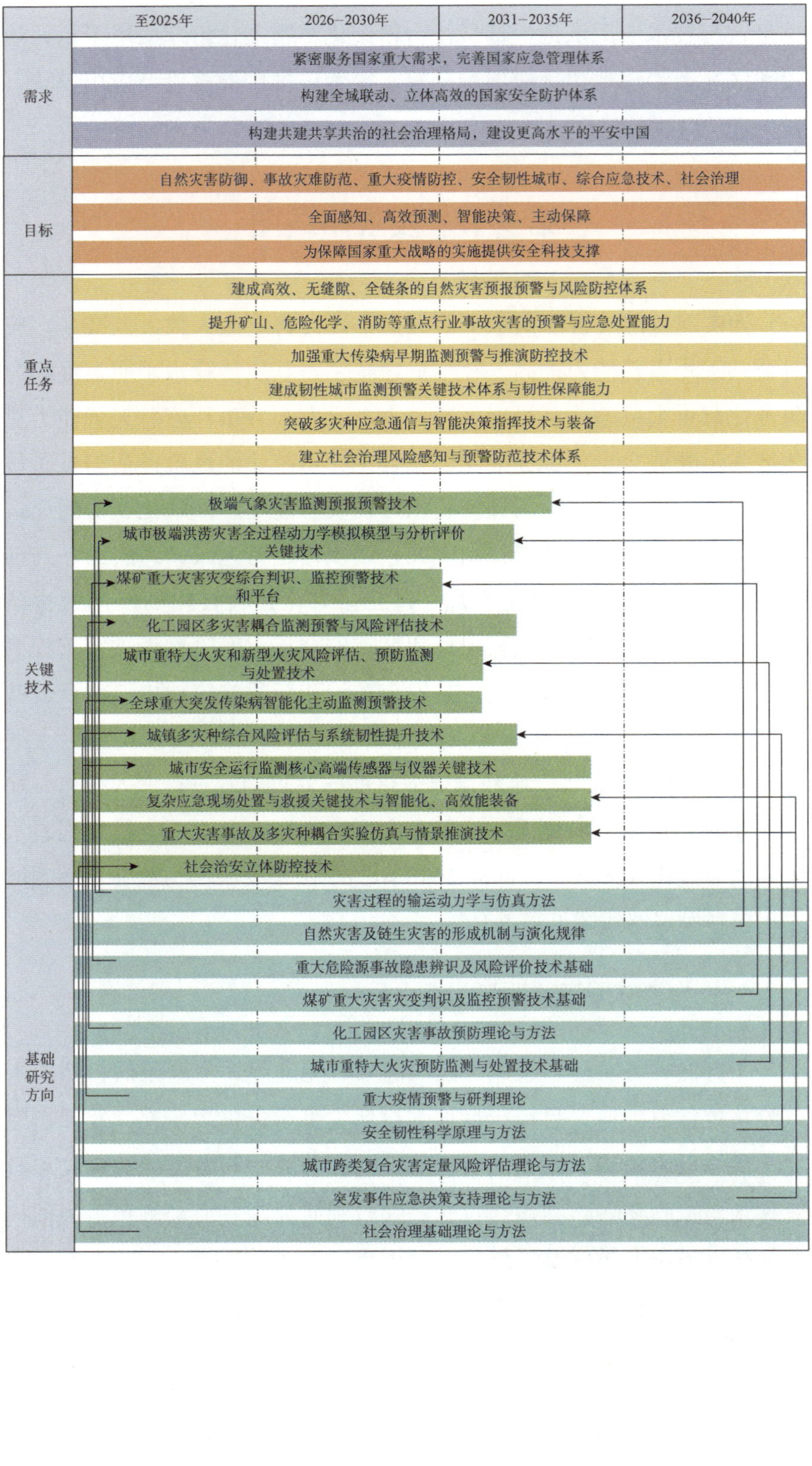
至2025年
2026–2030年
2031–2035年
2036–2040年
需求
紧密服务国家重大需求，完善国家应急管理体系
构建全域联动、立体高效的国家安全防护体系
构建共建共享共治的社会治理格局，建设更高水平的平安中国
目标
自然灾害防御、事故灾难防范、重大疫情防控、安全韧性城市、综合应急技术、社会治理
全面感知、高效预测、智能决策、主动保障
为保障国家重大战略的实施提供安全科技支撑
重点任务
建成高效、无缝隙、全链条的自然灾害预报预警与风险防控体系
提升矿山、危险化学、消防等重点行业事故灾害的预警与应急处置能力
加强重大传染病早期监测预警与推演防控技术
建成韧性城市监测预警关键技术体系与韧性保障能力
突破多灾种应急通信与智能决策指挥技术与装备
建立社会治理风险感知与预警防范技术体系
关键技术
极端气象灾害监测预报预警技术
城市极端洪涝灾害全过程动力学模拟模型与分析评价关键技术
煤矿重大灾害灾变综合判识、监控预警技术和平台
化工园区多灾害耦合监测预警与风险评估技术
城市重特大火灾和新型火灾风险评估、预防监测与处置技术
全球重大突发传染病智能化主动监测预警技术
城镇多灾种综合风险评估与系统韧性提升技术
城市安全运行监测核心高端传感器与仪器关键技术
复杂应急现场处置与救援关键技术与智能化、高效能装备
重大灾害事故及多灾种耦合实验仿真与情景推演技术
社会治安立体防控技术
基础研究方向
灾害过程的输运动力学与仿真方法
自然灾害及链生灾害的形成机制与演化规律
重大危险源事故隐患辨识及风险评价技术基础
煤矿重大灾害灾变判识及监控预警技术基础
化工园区灾害事故预防理论与方法
城市重特大火灾预防监测与处置技术基础
重大疫情预警与研判理论
安全韧性科学原理与方法
城市跨类复合灾害定量风险评估理论与方法
突发事件应急决策支持理论与方法
社会治理基础理论与方法

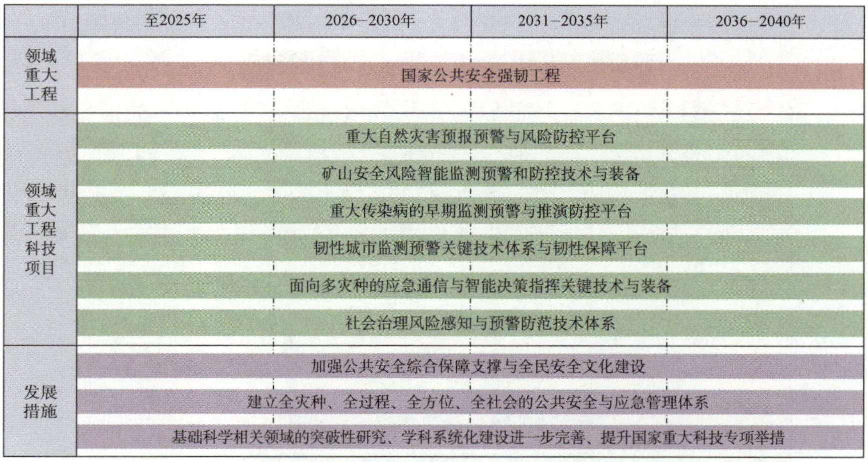

图 5-1　面向 2040 年的中国平安中国与社会治理领域工程科技发展路线图

报预警技术，无缝隙高精度气象数值预报技术，台风、暴雨、洪水和冰雪灾害预评估及风险管理技术，主要江河防洪区全域特大洪涝灾害风险动态分析与预测技术，城市极端洪涝灾害全过程动力学模拟模型与分析评价关键技术，干旱灾害风险定量评估与防灾减灾推演技术，海洋灾害精细化监测预报预警技术，极端环境条件下山地复合链生灾害风险精准防控技术，地震危险性多概率多参数全频段评价与地震灾害情景动态构建技术，“空-天-地-深”一体化高位远程链式地质灾害动态监测与风险预警技术，复杂地形和气候条件下的森林草原火灾模拟与应急指挥技术，全球气候、海洋、地质变化趋势与自然灾害形成机制研究等。基础研究包括灾害过程的输运动力学与仿真方法，自然灾害全过程一体化协同监测与智能预警技术基础，自然灾害及链生灾害的形成机制与演化规律。依托重大自然灾害预报预警与风险防控平台的重大工程科技项目，筑牢理论基础，提升科技创新能力；突破技术瓶颈，实现科学技术引领；多行业联动，加快技术推广；加强防灾减灾人才队伍建设和科学普及。面向 2040 年的自然灾害防御子领域工程科技发展路线图见图 5-2。

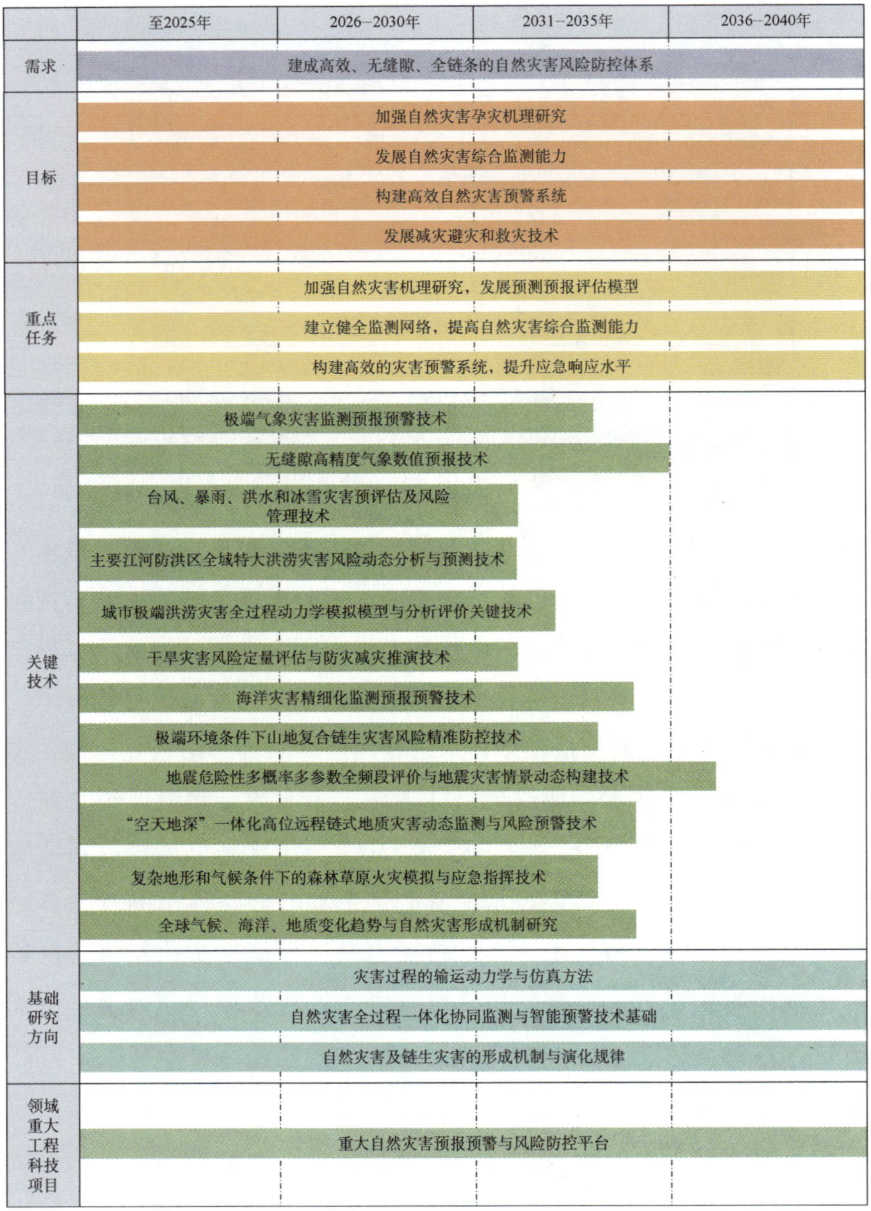

图5-2　面向2040年的自然灾害防御子领域工程科技发展路线图

二、事故灾难防范子领域

在事故灾难防范子领域，重点加强矿业、危险化学品、建筑及地下空间等方向的工程技术研发，大力发展城市地下空间安全探测装备、智能化关键零部件与工业软件开发工具。研究目标为实现事故灾难的精密监测、精确预警、精准防控、高效救援，大幅提升重点行业事故灾害的预警与应急处置能力。重点任务包括提高矿山深部开采智能化水平、提升危险化学品全链条监测预警能力、加强建筑及地下空间安全探测。关键技术包括煤矿复杂地下空间下高效通信、应急处置与救援技术和装备，煤矿重大灾害灾变综合判识、监控预警技术和平台，高危工艺本质安全防控技术，深远海/极地油气钻探安全保障及井控应急救援技术，大型装置的长时在线监测与风险实时定量评价技术，长输油气管道和电网地磁暴灾害防御技术，化学储能设施安全保障技术，重点行业领域典型职业危害防治技术装备，航空交通运输安全体系化保障技术，面向未来城市空中交通与自动驾驶的安全管理与事故防控技术，煤矿深部开采重大灾害防控技术，金属非金属矿山重大灾害工程模拟及事故防控技术，化工园区多灾害耦合监测预警与风险评估技术，氢能储存、运输安全保障技术，城市重特大火灾火灾风险评估、预防监测与处置技术。基础研究包括化工园区灾害事故预防理论与方法，重点行业领域典型职业危害防治理论与技术基础，重大危险源事故隐患辨识及风险评价技术基础，煤矿重大灾害灾变判识及监控预警技术基础，煤矿深部开采重大灾害防控理论与技术基础，金属非金属矿山重大灾害工程模拟及事故防控理论，油气管网和电网地磁暴灾害防御理论，在役油气长输管道安全保障技术基础，氢能储存、运输安全保障理论与技术基础，基于物联网、大数据、云计算的化学品生产设备寿命预测方法，城市重特大火灾预防监测与处置技术基础，航空交通运输安全与监控技术基础等。依托矿山安全风险智能监测预警和防控技术与装备的重大工程科技项目，建设社会化、网络化的安全生产科技中介服务体系；通过实施安全生产技术示范工程，以点带面，促进我国安全生产整体科技水平的提高；加强科技成果落地转化，推动安全生产科技产业化。面向 2040 年的事故灾难防范子领域工程科技发展路线图见图 5-3。

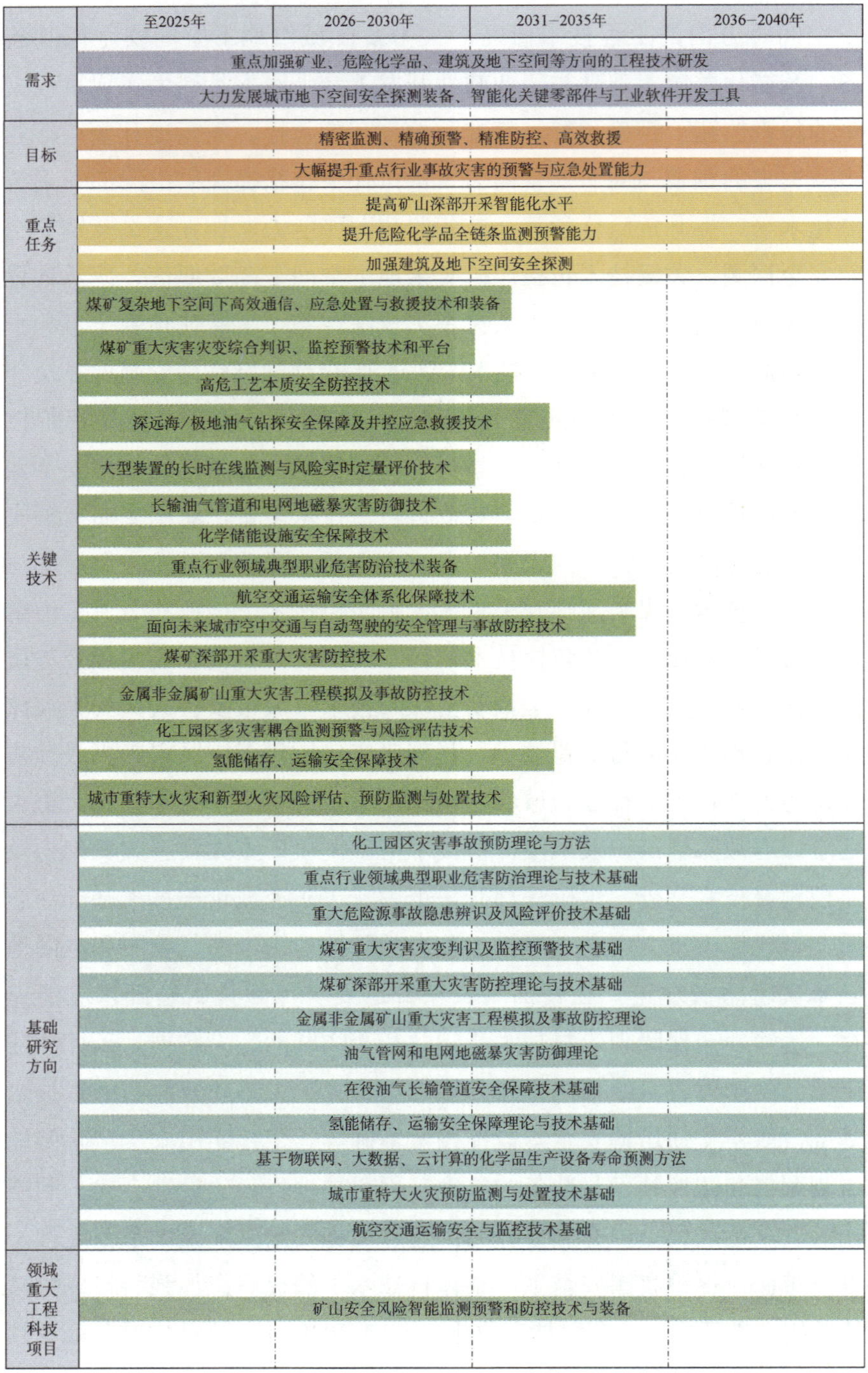

图5-3 面向2040年的事故灾难防范子领域工程科技发展路线图

三、重大疫情防控子领域

在重大疫情防控子领域，保障国家生物安全、维护人民生命健康，增强国家应对重大传染病风险的全面感知和预警能力。研究目标为实现重大疫情防控的全过程控制、巨系统特征、情景推演技术、“人防+技防”，建立“政府-组织-民众”的多层次深度协同模式。重点任务包括重大/新发传染病智慧化预测和多点触发预警技术、多渠道多部门传染病监测信息汇聚与治理技术、人工智能诊断及疾病预测技术、突发公共卫生事件多点监测系统以及基于大数据的传染病监测预警应用、智慧医疗大健康平台等。关键技术包括全球重大突发传染病智能化主动监测预警技术、突发传染病事件的智能快速流调技术、城市和城市群重大疫情的社会化防控体系与社区韧性、重大传染病预测模型及防疫政策评估技术等。基础研究包括自然疫源性传染病的监测方法与理论机制、重大疫情预警与研判理论、流行病相关社会效应理论与机制、新发突发呼吸道传染病的基础理论与方法等。依托重大传染病的早期监测预警与推演防控平台的重大工程科技项目，推进发展全球重大突发传染病智能化主动监测预警技术、突发传染病事件的智能快速流调技术、重大传染病预测模型及防疫政策评估技术。面向 2040 年的重大疫情防控子领域工程科技发展路线图见图 5-4。

四、安全韧性城市子领域

在安全韧性城市子领域，拥有有效维护国家安全利益和发展利益的强大国防力量；健全公共安全体系，全面实现公共安全强韧工程。研究目标为实现安全韧性城市的全面感知、高效预测、智能决策、主动保障，健全公共安全体系，为实现韧性城市建设、保障国家重大战略的实施提供安全科技支撑。重点任务包括构建多灾种、多尺度、多层级城市系统韧性全链条系统平台，研发城市生命线智能安全监测预警技术与装备，研建城市重大基础设施工程失效致灾机理及灾害演化

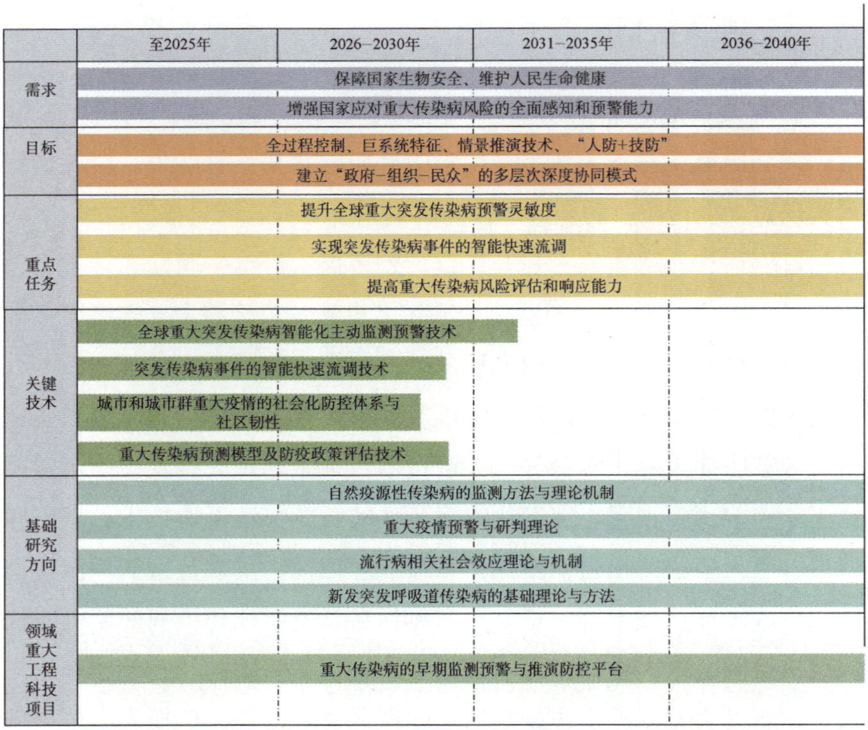

图 5-4　面向 2040 年的重大疫情防控子领域工程科技发展路线图

推演技术。关键技术包括城镇多灾种综合风险评估与系统韧性提升技术，超大城市安全运行精细化数字仿真模拟和运行调度关键技术，城市安全运行监测核心高端传感器与仪器关键技术，基于众筹群智的城市安全预测预警和应急管理技术，城市生命线系统安全运行监测、预警和联动控制关键技术，城市道路及地下空间安全隐患诊断与风险预警关键技术，重大基础设施及重大工程韧性增强技术，城市基础设施复杂级联失效仿真模拟与韧性提升技术等。基础研究包括城市地下空间事故灾害多源信息智能侦测技术基础、城市跨类复合灾害定量风险评估理论与方法、安全韧性科学原理与方法等。依托韧性城市监测预警关键技术体系与韧性保障平台的重大工程科技项目，做到拓展城市空间韧性，提升城市整体空间合理性与恢复力；提升城市工程韧性，加强城市灾害抵御能力；增强城市管理与社会韧性，提高城市安全运行与众筹群智能力。面向 2040 年的安全韧性城市子领域工程科技发展路线图见图 5-5。

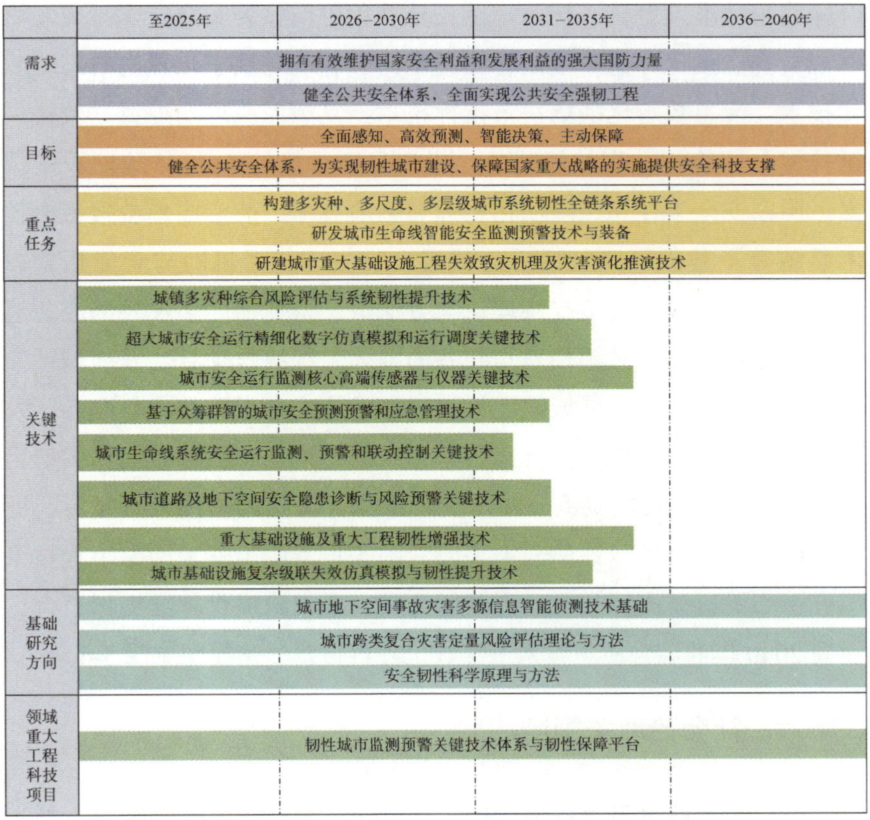

图 5-5　面向 2040 年的安全韧性城市子领域工程科技发展路线图

五、综合应急技术子领域

在综合应急技术子领域，以科技支撑公共安全应急管理能力现代化；健全公共安全体系，全面提升突发公共事件应急处置能力与装备技术保障水平。研究目标为实现综合应急技术的全面感知、精准预测、智能决策、高效处置，建成全面、高效、智能的全方位立体化公共安全体系。重点任务包括实现跨区域、跨层级、跨部门深度融合应急处置与救援，研建面向智慧和韧性的公共安全综合保障一体化平台，研发新一代公共安全应急平台关键技术及装备，构建全方位立体化公共安全网等。关键技术包括巨灾综合应急救援理论，重大灾害事故及多灾种耦合实验仿真与情景推演技术，“空-天-地”一体的灾害复合探测与精准预警核心技术，巨灾精准预警与预警发布技术，突发事件人员响应量化分析和疏散管控技术，应急现场数字化重构与态势感知技术，应急数智化战场决策指挥技术，复杂应急现场处置与救援关键技术与智能化、高效能装备，极端复杂环境的个/群体防护关键技术，国家安全事件和风险演化机理与推演技术，航空应急救援核心技术装备等。基础研究包括应急救援人员生理应激机制与智能预警方法、突发事件应急决策支持理论与方法等。依托面向多灾种的应急通信与智能决策指挥关键技术与装备的重大工程科技项目，发展城镇安全规划关键技术，发展城镇建设工程和设施安全保障技术与装备，发展城镇运行监测和安全预警装备与系统，发展城镇脆弱性与抗灾能力综合评价技术，发展城镇公共安全应急综合协同关键技术与装备，提供城镇公共安全风险评估与灾害应对国家重点实验室和国家工程技术研究中心等科技支撑条件，为城镇公共安全保障提供持续支撑平台。面向2040年的综合应急技术子领域工程科技发展路线图见图5-6。

六、社会治理子领域

在社会治理子领域，构建虚实结合的社会安全风险感知与监测预警体系，完善社会安全风险监测系统；实现异常人员、异常行为的实时发现、精准预警，大幅度提升社会安全突发事件的科学决策能力；有效提升对潜在涉恐、涉稳等高风险事件的主动发现、提前预警和风险抵御能力。研究目标为强化应用基础研究，突破关键技术装备，前瞻布局新一代相关重大科技项目，打造社会治理科技创新应用示范平台。重点任务包括加强网络空间安全保护能力，构建防恐反恐大数据监测平台，积极引导社会力量参与基层治理等。关键技术包括市域社会治理系统设计与数字化关键技术，社会治安立体防控技术，社会治理多源信息全息感知与处理，社会治理领域知识生成与社会计算技

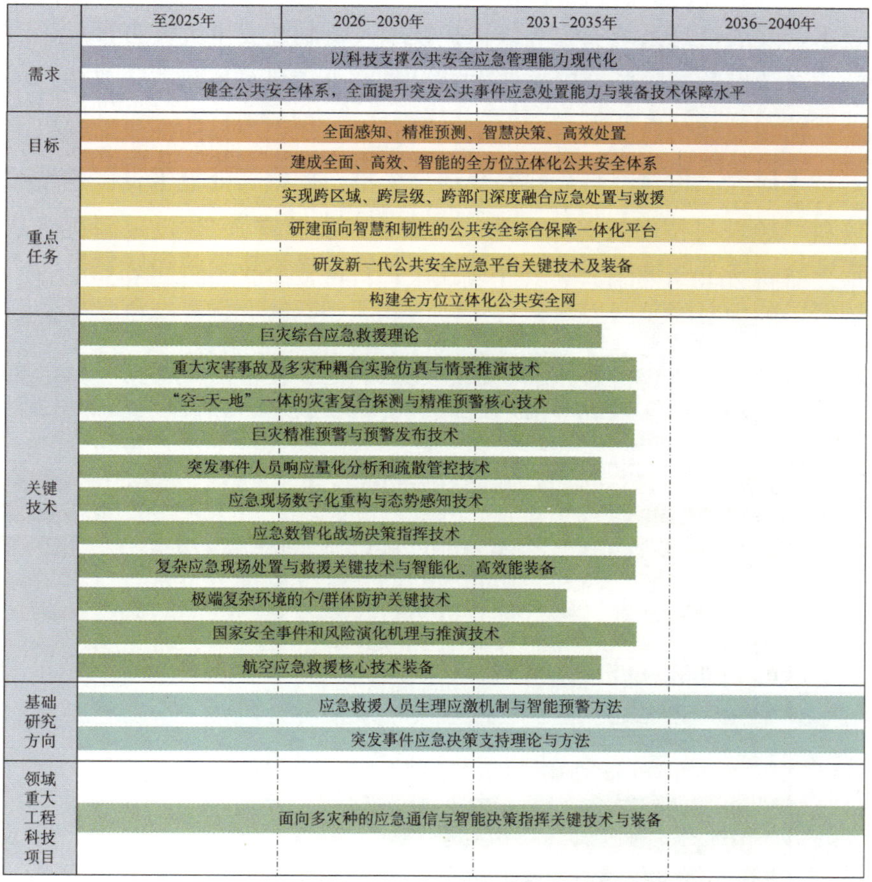

图 5-6　面向 2040 年的综合应急技术子领域工程科技发展路线图

术，社会治理业务立体化互联与协同共享，个体特征刻画、识别与物证溯源综合检验技术，暴恐案件多维信息融合监测预警与快速处置技术，涉恐涉爆涉稳风险智能感知与主动防控技术，虚假与不良信息深度检测与多元传播治理关键技术，新型网络犯罪感知与主动防控技术，可信身份及社会时空行为模式分析与预警技术等。基础研究包括社会安全基础理论与方法、社会治理基础理论与方法、社会智治共性技术基础等。依托社会治理风险感知与预警防范技术体系的重大工程科技项目，重点加强个体识别与特征刻画关键技术、物证多元化信息挖掘与溯源关键技术、现场勘查关键技术、物证鉴定专用技术装备等的研究；构建网络阵地控守体系，发展网络空间信息管控与身份管理技术，发展信息系统安全等级保护技术；研制开发重大灾害事故、消防应急救援关键装备；研究恐怖/群体性事件现场处置防范武器装备技术；加强视频信息的高清晰采集及具有自主知识产权的高压缩编码关键技术研究；构建网络公共安全信息采集、挖掘与处置平台；建设法庭科学领域科技创新支撑体系（国家重点实验室），建设反恐科研基地。面向 2040 年的社会治理子领域工程科技发展路线图见图 5-7。

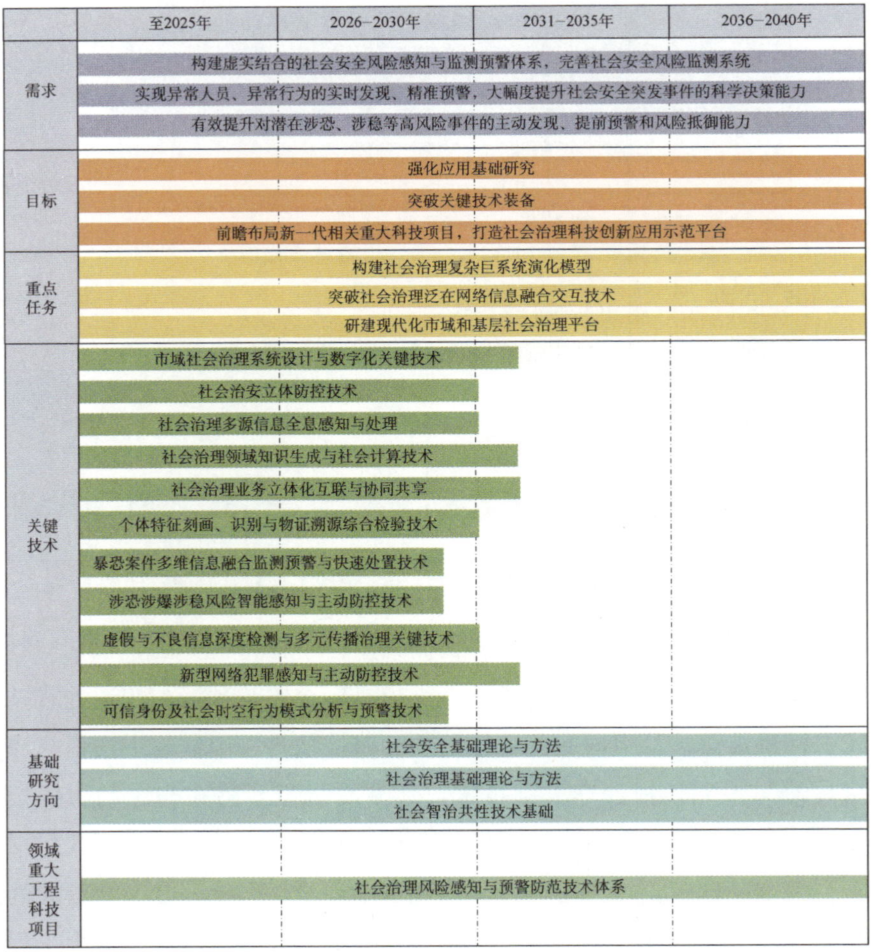

图 5-7　面向 2040 年的社会治理子领域工程科技发展路线图

第六章　平安中国与社会治理领域重大工程建议

重大工程指直接服务于我国国民经济建设、立足于解决制约经济社会发展的重大问题、直接形成现实生产力或服务能力，且需要有工程科技的重大突破来支撑的工程项目。重大工程能够满足我国经济社会发展的重大需求，工程实施能够解决重大瓶颈问题、具有重大带动作用，对国家建设和发展产生全局性或关键性影响，并需要从国家层面给予支持和推动。

平安中国与社会治理领域的重大工程有两项，分别是国家公共安全强韧工程和城市安全重大风险预报预警工程，以下将分节论述。

第一节　国家公共安全强韧工程

面对气候变化与社会发展带来的极端灾害和重大事故的严峻挑战，增强国家预防、抵御、恢复和适应各类突发事件的能力，通过实施增强从个人到国家诸多层面安全韧性的“强韧工程”，实现对突发事件的及时感知、快速应对、迅速恢复，保持国家和社会正常运行，并通过自我调节来更好地应对未来的灾害风险。建立智能化、全方位、立体化的公共安全网，形成系统化的安全保障体系，实现安全应急理念向风险驱动、数据驱动、主动保障和以人为中心的转变，不断增强人民群众的获得感、幸福感、安全感。

一、需求和重要性

面对全球气候变化、主要地震带进入活跃期、城市化进程加速推进、新能源新材料新技术不断涌现、社会发展范式深刻变革，我国正日益遭遇低概率、大损失的灾害冲击，现行风险预测建模和应急管理方法适应性受到挑战。面对未知风险尤其是巨灾挑战，我们应如何构建新的安全格局，是确保新发展格局安全、统筹中华民族伟大复兴战略全局和世界百年未有之大变局的重大战略需求。

韧性工程致力于系统性思维，有利于将减灾目标转化为具体行动。韧性工程已经成为重大灾害防范应对的重要趋势，目前国际上已有许多国家和组织开始推进国家韧性和城市韧性建设工作。联合国减灾署的《2015—2030 年仙台减少灾害风险框架》和减灾大会均强调加强灾害韧性，并且推动开展全球“创建韧性城市 2030”（Making Cities Resilient 2030）项目。《2015—2030 年仙台减少灾害风险框架》强调了四个优先事项：了解灾害风险、加强灾害风险治理；投资提高韧性、加强备灾；提出建立韧性基础设施；推动全球疫情韧性。纽约、伦敦、新加坡、北京等大型城市已开展了建设韧性城市的工作。

增强韧性是复杂系统工程，需要气候变化适应、防灾减灾工程、监测和预警能力、城市规划建设和运行、社会发展和社区治理、安全防灾文化等跨领域的知识、技术和工程的集成。

二、工程目标

健全全面、系统的安全韧性保障体系，实施提升从国家到组织和个人诸多层面安全韧性的“强韧工程”，依托“科技-管理-文化”三大支柱共同支撑安全韧性建设。国家公共安全强韧工程包括自然灾害防治、城市生命线安全、重大基础设施强韧、基层安全强韧、安全文化强韧等五大强韧工程，通过创新管理理念、应用科技与实施工程措施、推广安全防灾文化，实现“全风险”辨识评估和科学监测预警，提升重大基础设施灾害预防—抵御—吸收—恢复能力，确保最大限度地保护人民生命安全、保障国家及社会重要功能不受致命损害并能继续运行、最小化财产与公共设施的损失、快速从灾害冲击中恢复。

三、实施效果

突破针对自然灾害防御、事故灾难防范、重大疫情防控、安全韧性城市、综合应急技术、社会治理等多个领域的关键技术，建成从个人到国家诸多层面安全韧性的“强韧工程”，具备全方位、立体化的公共安全应对能力。有关韧性社会的建设水平位列国际前沿，建成一批国际顶尖水平的韧性系统。实现从基础研究、技术创新、装备研制、研发基地、产业应用“五位一体”的全面提升，增强国家安全韧性科技支撑能力，安全韧性理论、科技和工程应用水平位列国际前沿，成为有效维护我国国家安全的科技基础。基础研究方面，在城市韧性理论、复杂系统韧性、安全韧性评估、巨灾情景构建、社会韧性、基层韧性等理论和方法方面取得原创性、战略性成果。技术创新方面，在多灾种风险识别与韧性评估、“空-天-地-海-深”风险监测预警、重大工程韧性提升、韧性城市智慧管控、韧性仿真和智能决策、新材料和先进制造的本质安全等技术上取得突破性创新和应用。装备研制方面，在风险智能感知芯片和传感器、复杂环境和极端条件救援装备、高性能救援装备和无人系统的研发、应用和国产替代等领域取得重大突破。研发基地方面，形成一批安全韧性研究领域的国家战略科技力量。产业应用方面，推动形成一批国家级公共安全产业集群，韧性科技应用范围大幅扩大、应用水平大幅提高。

第二节　城市安全重大风险预报预警工程

研建由数字地球、大型灾难实验设施与实体灾难监测网协同的虚实结合-数字孪生城市安全重大风险预报预警平台，充分利用我国举国体制的风险普查数据和“空-地”监测数据优势，以巨量承灾体数据为节点，搭建灾害链计算引擎，构建识别和预测国土空间在不同尺度、不同地域、不同时间的灾难形态、现象、规律的能力，支撑开展复合灾难模拟、灾难监测预测、灾难预报预警、灾难防控与应对、重大基础设施风险评估、未知灾难探索预见等相关研究，实现灾害事故风险从周期性评估向常态化预报转变，提升灾害事故预报预警和风险防控的能力。

一、需求和重要性

在全球气候变化和城市化进程加快的背景下，突发性、极端性和长期性灾害频发，灾害的耦合叠加现象复杂、破坏力增强。同时，随着人类社会的发展，物理社会和智能社会中的物质、能量、信息高度集聚，社会和城市的承灾能力受到严重威胁。自然灾害引发技术灾害（Natural Hazard Triggered Technological Accident，Natech）事件的频度不断增加，极端和大型灾害事故的复杂程度、影响范围、损失规模不断超出认识边界，发生时间超预见、影响强度超预期、作用机理超认知的自然灾害和事故灾难不断增加，许多灾难的预测应对在国际上已经进入“无人区”，严重影响我国安全发展战略的实施。

在《2015—2030年仙台减少灾害风险框架》“多危害预警系统以及灾害风险评估”目标的指引下，美国、欧盟、日本等积极探索基于数据-模型融合驱动的研究范式，研建高性能灾害计算系统，实现灾害早期感知、精密监测、精准预报，开展多灾种、全方位、综合性的风险评估和系统开发。美国联邦应急管理局开发的多灾种风险评估系统HAZUS-MH已经更新至4.0版；瑞士苏黎世联邦理工学院最近两年开发的灾害风险评估软件CLIMADA代表了当前先进水平。在《自然》的特别评述中，提到极端灾害级联机制仍旧知之甚少；模型需要处理多维和相互关联的风险；数据的获取和处理存在困难，对社会承灾体的关注较少。

2020—2022年，我国开展了第一次全国自然灾害综合风险普查工作，这是一项举国体制的重大调查。利用普查结果做好灾害风险识别与评估，为灾害防治提供基础性支撑的同时，迫切需要进一步突破相关理论和技术，通过提高对复合灾害事故的科学认识和提升复合灾害事故应对综合防控能力，进行广泛的多学科交叉研究，深挖普查数据的应用价值，形成数据“化学反应”，旨在在灾害风险预报预警、未知灾难探索等方面做好支撑，提升综合防灾减灾水平。

二、工程目标

立足我国重特大地震地质灾害链、台风暴雨洪涝灾害链、森林草原火灾灾害链、城市综合基础设施灾害链等重大安全风险防控需求，充分利用全国自然灾害风险普查数据成果、已有的“空-地”监测数据基础，建设形成数字地球、大型灾难实验设施与实体灾难监测网协同的虚实结合-数字孪生城市安全重大风险预报预警平台，识别和预测国土空间在不同尺度、不同地域、不同时间的灾难形态、现象、规律，实现复合灾难模拟、灾难监测预测、灾难预报预警、灾难防控与应对、重大基础设施风险评估、未知灾难探索预见，实现灾害事故风险从周期性评估向常态化预报转变，提升灾害事故预报预警和风险防控的能力，实现城市灾害风险预报预警。

形成利用我国自然灾害风险普查数据服务城市灾害风险预报预警的新应用范式。探索并提出致灾体、承灾体和链式效应关联的灾害级联预报预警新范式，分析目前国家自然灾害综合风险基础数据库服务灾害风险预报预警的场景图谱，建立具有我国特色和工程服务能力的灾害数据库。

建立海量地理空间数据、巨灾物理实验与动态监测网协同的灾害风险预报预警平台。立足我国自然灾害风险普查数据和“空-地”监测网络现状、发展趋势和独特优势，形成海量地理空间数据、巨灾物理实验与动态监测网协同的灾害风险预报预警方法，建立数据-模型融合驱动、物理-社会-信息复杂系统仿真相结合的灾害风险预报预警平台，实现灾前风险早期预警预报。

形成“理论创新-技术突破-应用示范-产业培育”相结合的灾害风险预报预警工程的发展路径。形成体系化的设计理论、核心技术、工程路线、建设方案、运行模式和标准规范，推动现代化信息技术、人工智能、公共安全等科技和战略性新兴产业与本工程实施的战略性融合与交叉，通过城市安全灾害风险预报预警工程进一步服务国家安全战略。

三、实施效果

深化基础研究：攻克巨灾及其复合链生灾害应急救援与决策的基础科学理论和方法，突破高性能基础探测与智能预警、基于情景的模拟仿真与推演预测、针对复合链生灾害的精准主动断链与综合防控、决策指挥中的数据融合共享与数字化应用等关键技术卡点，推动科技创新能力和实战化水平的大幅提升，巨灾应对科技支撑能力达到世界前列水平，在极端灾难的复合链生致灾机理基础科学理论和方法方面，取得战略性、原创性的重大科技成果。

突破关键技术：在仿真模型与大规模监测网络虚实结合的复合灾难数字孪生、基于图计算的多灾种链生灾难计算、公共安全大数据灾难链断链减灾分析等关键领域实现突破。

赋能工程应用：形成全世界领先的灾害链风险计算预报能力，为全面提升我国应对自然灾害、事故灾难和复合灾害事故的能力提供重要保障。

通过本项目研究，探索我国第一次全国自然灾害综合风险普查成果应用的新思路、新场景、新路径，全面建成城市安全重大风险智能决策指挥系统、城市巨灾实验模拟推演平台，具备天空地全方位立体化的巨灾智能感知-决策-应对能力，实现灾害事故风险从周期性评估向常态化预报转变，提升灾害事故预报预警和风险防控的能力。同时培养一批国际顶尖水平的科学家，使其成为有效维护我国国家安全的战略科技力量。

第七章　平安中国与社会治理领域重大工程科技项目建议

重大工程科技项目主要指由多个具有前瞻性、先导性和探索性的重大关键技术组成，支撑未来重大工程突破和新兴产业发展的重大科技攻关项目。

重大工程科技项目应满足我国经济社会发展对工程科技的重大需求，对国家建设和发展具有全局性或关键性影响，对提升我国关键领域技术水平和自主创新能力，促进我国科技长远发展具有重要意义，并需要从国家层面给予支持和推动。

平安中国与社会治理领域的重大工程科技专项包括以下几方面。

一、重大自然灾害预报预警与风险防控平台

1. 应用需求

根据应急管理部等发布的历年全国自然灾害基本情况，2000—2020 年我国自然灾害受灾总人口超过 17 亿，位列全球第一，死亡人口超过 11 万，位列全球前 10；仅 2016—2020 年受灾人口超过 7 亿，死亡和失踪人口近 5000 人。因此，迫切需要通过科技创新提升重大自然灾害的预报预警水平、风险评估与防控能力，实现自然灾害的精密监测、精确预警、精准防控，让人民群众在灾害事故中能够早撤离、得到早救援，最大程度保障人民群众生命安全。同时，这一研究还关系国家粮食安全（畜牧业生产）、重大水利工程建设环境评估、生态环境的保护和修复等方向，有助于支撑国民经济重要领域的高质量发展。

2. 任务内容

立足自然灾害预防，运用数值预报技术，基于自然灾害演变的动力学、热力学、流体力学等形成可预报的方程，研究局地极端灾害经济结构及演变机理，研究地球系统模式框架下的高分辨率和变分辨率的多分量模式耦合技术和同化技术，研究基于多学科交叉、多技术（计算、遥感、卫星、雷达等）结合、地球环境各圈层（大气、海洋、生物、冰雪、固体）耦合的预报预警技术，实现对局地突发极端灾害的精准预报与精确预警；研究多因素耦合风险的主动感知与综合评估技术，研究精准预测和预警救援联动的风险防范与应对技术。

3. 发展目标

实现对关键区域精细化天气气候过程的模拟，开展高分辨率预报系统的示范应用，实现极端气象灾害精准监测预报和精确预警服务水平较2020年有明显提高的目标。

二、矿山安全风险智能监测预警和防控技术与装备

1. 应用需求

随着浅部矿山资源的日渐枯竭，我国提出“向地球深部进军”，以实现向深部要能源，提高能源储备、缓解能源紧缺，为国家能源安全供应与经济社会稳步发展提供关键支撑为目标，强化科技创新能力，全面提升科研水平，保障国家能源安全。但随着开采深度的增加，矿山事故发生的风险也逐渐增加，地质条件更加复杂。现阶段我国煤矿、金属矿山的重大事故风险预警准确率不高，事故隐患防治技术体系不健全。

2. 任务内容

研发针对煤矿强矿震、瓦斯爆炸和粉尘爆炸等重大事故风险的智能化预警及防控技术，针对隐蔽地质灾害的透明化探测技术，针对金属矿山的火灾、爆炸和尾矿库溃坝等典型重大事故风险的智能化预警

及防控技术，针对油气生产的溢流、井喷、浅层地质灾害等重大隐患的智能监测预警、防控及应急技术与装备，开展应用示范，显著提升矿山事故综合防控能力和水平。

3. 发展目标

推动我国安全风险智能监测预警理论创新、融合先进工业信息技术成果，提高关键技术自主创新能力，引领世界矿山安全风险智能监测预警和防控技术与装备的发展方向，确保我国矿山灾害风险预警准确率达到90%以上，灾害事故死亡人数降低一半以上。

三、重大传染病的早期监测预警与推演防控平台

针对全球呼吸系统传染病高危险性的迫切态势，应建立重大传染病的风险评估、预警研判、政策制定等相关重要领域的技术。依据全球人流与物流，针对空气传播、媒介传播、性传播等多种类型的传染病重大疫情开展更加具有针对性的预测预警技术。

1. 应用需求

近年来，重大传染病尤其是动物疫源性传染病，如高致病性禽流感、鼠疫、登革热等成为严重威胁公共卫生的主要因素。为满足公共卫生领域对于动物疫源性传染病的预警需求，需将端口从人际向主要疫源动物前移，因此，应开展针对野生和家养动物的监测预警体系技术的研发，研究重大疫情人际传播的监测和防控技术。

2. 任务内容

研究野生疫源动物的生态学监测、野生动物的病原学监测、病原致病性分析等关键技术，突破宏基因组分析技术、高致病性病原筛选等技术；突破重大传染病的多源多渠道监测预警技术，研究传染病相关的大数据分析、预测技术，突破基于物理、人类社会和信息三元空间的态势研判技术和指挥救援技术。

3. 发展目标

第一阶段：研发针对野生疫源动物如鼠类动物、蚊虫、蝙蝠的野外采样技术，并在野外开展病原测序和分析工作。第二阶段：全面铺开监测体系，将野外动物的样本进行比较分析，建立国家动物疫源性疾病的监测网络；开展重大传染病多源多渠道监测体系研究，形成广泛的数据采集体系、快速的监测预警体系和高效的研判指挥体系。

四、韧性城市监测预警关键技术体系与韧性保障平台

1. 应用需求

2022 年，我国城镇化水平已经超过 65%[21]，2020 年以来，全国重特大事故发生在城市的比率约为 53.4%；2010 年以来，全国一次死亡 100 人以上的特大灾害事故发生在城市的比例为 75%[22]，给人民群众生命财产带来重大损失。城市发展呈现出的人口密集、设施密集、资源密集、生产与建设活动密集等特征，使城市内部的风险源越发增多且密集，从而导致城市在应对公共安全事件时的抵御、吸收、适应、恢复和学习能力，即城市安全韧性能力亟待提升，该能力需贯穿于事前、事中、事后的应急管理全流程，被认为是城市安全发展的新范式。我国从“十三五”时期更加重视安全韧性城市建设中的科技支撑工作并取得了积极进展，涵盖了城市综合风险预测、脆弱性分析与韧性提升等前沿科学基础理论研究，支撑了城市防灾规划、情景构建、应急决策等关键环节的核心技术研发，城镇和重大基础设施以及应急管理相关的综合平台和技术装备的研制。

2. 任务内容

研究城市多灾种及其耦合仿真模拟技术、灾害耦合平台大数据分析集成技术与大规模计算技术，实现地震、强风、暴雨、暴雪、冰

21　邱海峰. 提前实现“十四五”规划确定的目标——超 65%，城镇化进入“下半场”. 人民日报（海外版），2023-03-29（11）.

22　曹萌. 国家治理能力在进化 从南通一年实践看城市数字化未来. http://www.farennews.com/originalnews/content/2021-07/16/content_8553471.html[2024-09-01].

冻、火灾、危险化学品泄漏等原生灾害，以及上述灾害的次生衍生等多灾种及其耦合作用的综合模拟；研究涵盖突发事件、承灾载体、应急管理三个维度数据和孕灾环境数据的全息多维数据采集和建模技术，研究水、电、气、热、交通、通信等城市生命线工程运行安全实时监测、精准预警技术和系统；研究多物理场耦合下信息和能量在微系统中的跨尺度、层级传递规律，研究针对典型灾害和安全风险的多源、多维、大跨度的前兆信息和特征信息的感知与识别技术，重点突破传感芯片设计与制造、微机电系统芯片集成设计与精密加工、卫星对地监测数据处理核心器件、算法与集成等关键技术；研发数字孪生城市精细化灾害模拟推演技术，基于地理信息、物联网、三维模型、情景推演融合驱动的灾害后果预报技术，基于城市运行数据与模型预测耦合的大型城市综合风险智能预警系统；研究城市系统与人类社会耦合运行的灾害情景模拟技术，传染病传播的仿真建模技术，“楼宇-社区-街区-城市”跨尺度耦合的社会仿真技术、典型人员密集场所的人流精准感知与预测技术、应急疏散协同管控技术，典型灾害处置应对情景推演、效果评估与方案优化技术；研究平衡城市风险后果的损失与防控措施的代价的智能应急技术，精准安全的理论和方法，基于精准安全的空间着力范围、时间着力点以及着力方式和强度应急方法；依靠科学安全的理论、方法、模型、技术、标准和装备，构建智慧精准的多层公共安全防护体系，保障人民的生命安全。

3. 发展目标

未来20年，借助云计算、大数据、互联网+、人工智能等新兴信息技术，形成综合性、全方位、系统性、现代化的城市安全保障体系，韧性城市与智慧城市融合发展，实现全方位风险识别、监测、评估与精细化管理，提升城市整体风险评估、监测预警和响应应对的综合性、科学性、实时性和精准性，提升城市对公共安全事件的抵御、吸收、适应、恢复、学习的能力，保持城市正常运行，并通过自我调节来更好地应对未来的灾害风险。建设一批具有国际一流水平的城市灾害事故综合风险防控的科学研究和人才培养基地。

五、面向多灾种的应急通信与智能决策指挥关键技术与装备

1. 应用需求

巨灾耦合致灾机理认识不足，重大灾害事故现场灾情获取难、研判能力低，数智化战场的协同通信能力弱，广域宽带通信网络快速搭建能力与系统性不足，现场物资调度效率低，高精尖技术装备配备不足，极端条件下后勤保障装备适应性、舒适性、可靠性不高等问题，严重制约了应急现场指挥决策与救援效率。当前的应急指挥救援与应急管理的“四化”要求尚有差距，高效精准的大范围灾情获取技术、智慧应急辅助决策技术缺乏，难以支撑重特大灾害事故的科学应急与指挥决策。

2. 任务内容

重点研究巨灾耦合致灾机理、重大灾害事故及多灾种耦合实验仿真与情景推演技术；开展重大灾害事故现场灾情全天时、全天候立体高效侦测与综合评估技术，以及态势重构、趋势预测与综合影响研判技术研究；研发具备三维多源灾害现场态势感知、重构、研判、评估、反演功能的一体化技术、系统及终端装备；开展综合性应急救援数智化战场的理论模型和关键技术体系研究；研究适用于灾害现场抗干扰、高效协同的通信技术，研发高可靠指挥通信系统；研究可快速搭建、天地一体化的远程通信广播与应急宽带网络，现场物联网组网，适应多种极端、恶劣环境的感知通信终端及快速接入的成套技术与装备；研究面向现场需求与恶劣条件约束下的应急资源智能调配技术与装备；研究灾害事故前后方广域时空协同会商研判和辅助决策系统与装备；开展复杂应急现场处置与救援关键技术及智能化、高效能装备研究。

3. 发展目标

攻克数智化战场应急指挥、融合通信、应急装备等核心技术难题，研究应急通信与智能决策指挥关键技术，研发重大灾害现场灾情侦测、快速研判技术装备，可快速搭建天地一体化的应急通信广播技术装备，极端条件下后勤保障技术装备，应急物资智能调配技术装备等智能化应急救援装备，提升大型灾害事故现场的保障与支撑能力，建成全面、高效、智能的全方位立体化公共安全体系。

六、社会治理风险感知与预警防范技术体系

1. 应用需求

新时代社会治理呈现出新态势，世界百年未有之大变局带来许多不确定因素，使得社会治理工作面临着前所未有的挑战。从国际形势看，国际环境日趋复杂，逆全球化趋势逐渐加强，国外反动势力、恐怖主义的威胁不断增加，维护国家主权、安全、发展利益的复杂性、紧迫性愈加突出。从国内发展看，当前和今后一个时期是我国各类矛盾和风险易发期，社情舆情环境错综复杂，社会治理还有弱项，与人民对美好生活的新期待还存在差距，亟须通过科技创新推进社会治理实现强预警、强安全的颠覆式变革，推进社会治理能力提升，有效防范和化解影响我国现代化进程的各种风险，筑牢国家安全屏障，建设更高水平的平安中国。

2. 任务内容

研究网络空间对我国社会安全风险形成的耦合机制，从社会安全风险聚积谐变机理、态势演化传播机理、应急防控处置机理等重大创新方向进行突破。深化社会运行动态立体感知及数据挖掘应用，重点突破多源信息全息感知与处理、典型特征挖掘与风险态势分析、基于大数据与人工智能的重大社会安全风险立体全息感知与预警防范等技术，将矛盾风险最大限度化解在早期，有效防范和应对各种风险，通

过预案预警的确定性来预防突发事件带来的不确定性，从而提升社会安全立体防控能力。

3. 发展目标

到 2025 年，构建社会安全风险预警体系，显著提升边境及重点地区安全风险预警能力与防范化解能力，提高社会安全立体防控智能化水平；到 2035 年，全面建成社会治理风险预警防范新模式，建成多学科融合的社会安全风险预警科技基础理论与关键技术研究体系，突破一批社会治理态势感知与风险预警核心理论与技术，防范化解重大系统性风险能力显著提升，促进社会治理体系和治理能力现代化。

七、巨灾模拟器

1. 应用需求

全球气候变化、工业化与城镇化高速发展使得自然和社会系统之间的关联与耦合日益精细和复杂，面对突发性、极端性和长期性的灾害多发期，灾害耦合叠加复杂、破坏效应加重，同时随着人类社会的发展，物理社会和智能社会中物质、能量、信息高度集聚，社会和城市的承灾能力受到严重威胁。极端灾害发生频度、破坏强度、影响范围、级联效应和损失规模频频超出预期，超出对灾害风险的认知边界。非完备历史经验导致现有方法易低估小概率极端灾害的后果和影响，极端灾害作用在城市复杂系统中的传导机理、致灾规律、系统风险和情景应对亟须认知和模拟。

2. 任务内容

围绕城市系统巨灾情景，面向极端暴雨、重大地震等极端灾害的链式风险认知与防控难题，开展灾害作用在城市系统中的链式效应机理、复杂系统承灾过程和后果的研究。突破多时空跨尺度灾害作用下的多维脆弱性量化风险评估与精细风险预警技术，为城市系统极端灾害风险防控提供科学基础；突破基础设施网络、社会系统等复杂关联建模与仿真技术，探索关键节点破坏可能形成的超临界转捩点，研究极端灾害作用在复杂城市系统中的链式效应机理；研究城市系统多尺度承灾体在不同时空尺度灾害作用影响下的情况，研究物理破坏、经济损失、福祉影响等的多维度韧性评估技术，构建多维脆弱性量化风险评估范式；研究复杂系统关联的时空图网络模拟技术，解决不同种类承灾体和致灾因子网络节点的多时空跨尺度异构耦合计算难题；研究海量智能体运行状态的智能计算技术、城市系统风险表征与量化技术，研究多时空分辨率的巨灾计算人工智能大模型，构建集计算、推演、可视化、防灾策略和应对决策于一体的巨灾模拟器，其具备重大灾害事故链式风险推演能力。

3. 发展目标

拓展对于巨灾、极端灾害的风险认知边界，提升对灾害复杂自然和社会影响的建模仿真能力，实现承灾体数据科学、灾害模型与仿真技术、复杂系统方法、人工智能技术、社会计算技术的融合创新，构建集计算、推演、可视化、防灾策略和应对决策于一体的巨灾模拟器，提高国家和各个城市防范、应对巨灾的能力。

第八章　平安中国与社会治理领域工程科技需求牵引的基础研究方向建议

在当前全球化和技术变革的浪潮下，平安中国与社会治理领域面临着诸多新的挑战和机遇，要求在基础研究方向上更加精准地把握和满足实际需求。通过对当前本领域的发展趋势、前沿技术以及社会经济发展需求的深入分析，结合学科交叉融合的特点，提出了一系列具有前瞻性和针对性的基础研究建议，旨在引导科研工作者更加系统地思考基础研究与实际应用之间的紧密联系，从而推动工程科技领域的基础研究不断向纵深发展，为科技创新和社会进步贡献更多的智慧和力量。

平安中国与社会治理领域提出的基础研究方向共有 27 项，其中自然灾害防御子领域 3 项、事故灾难防范子领域 12 项、重大疫情防控子领域 4 项、安全韧性城市子领域 3 项、综合应急技术子领域 2 项、社会治理子领域 3 项。

1. 灾害过程的输运动力学与仿真方法

灾害要素输运过程的特点和机理，灾害环境对其他输运过程的影响机理；灾害条件多物理场交互作用下的物质动量能量输运原理；灾害触发源头信息缺失条件下的输运过程反演和溯源；灾害要素耦合源项和边界条件下的模型重构；耦合过程相似理论和缩尺实验设计原理。

2. 自然灾害全过程一体化协同监测与智能预警技术基础

“空-天-地”立体监测遥感反演规律与技术基础；多源信息一体化

协同观测同化融合理论与初始场构建方法；自然灾害早期识别原理、预报预警模型与智能化方法。

3. 自然灾害及链生灾害的形成机制与演化规律

自然灾害形成机制、演变特征及物理规律；自然灾害地球系统多领域耦合研究；极端气象、地震地质等自然巨灾与城乡、工业系统相互作用的致灾演化机理及耦合链生规律。

4. 化工园区灾害事故预防理论与方法

化工园区多灾害耦合风险防控基础理论、早期预警模型、应急推演和决策方法；典型废弃危险化学品储存处置安全评价理论及风险感知监测预警技术；化工园区灾害智能监测、园区优化布局和安全控制理论；有毒及易燃易爆化学品高灵敏快速检测基本理论及事故预警方法。

5. 重点行业领域典型职业危害防治理论与技术基础

呼吸性粉尘的扬尘致病基础理论；矿山粉尘职业病危害防治基础理论与方法；高海拔超长隧道施工安全防护基础理论与方法；应急救援人员职业健康监测与保障理论及技术基础。

6. 重大危险源事故隐患辨识及风险评价技术基础

危险化学品生产过程反应失控基础理论；危险化学品生产本质安全化原理与方法；重大危险源多类危险化学品耦合事故机理与预警防控技术基础；化工园区重大风险智能感知与预警方法。

7. 煤矿重大灾害灾变判识及监控预警技术基础

煤矿隐蔽致灾地质因素智能探测技术理论；煤矿地质异常探测基础理论与预警方法；煤矿瓦斯突水灾害的基础理论与预警方法；煤矿重大灾害安全评价、监测预警、应急处置与救援基础理论与方法。

8. 煤矿深部开采重大灾害防控理论与技术基础

矿井和地下工程高效救援基本理论；深部煤岩多尺度结构冲击失稳基础理论；深部矿井耦合动力灾害基础理论与防控方法；深部矿井多灾种链生灾害防控基础理论；煤矿深部开采突水动力灾害诱发基础理论；深井建设及安全保障基础理论。

9. 金属非金属矿山重大灾害工程模拟及事故防控理论

金属非金属矿山重大灾害工程防控基础理论；非煤矿山安全风险智能预警基础理论；矿山岩爆、采空区重大灾害探测评估与监测预警方法。

10. 油气管网和电网地磁暴灾害防御理论

地磁暴灾害孕育机理及致灾发展基础理论；地磁暴风险演变规律和反演基础理论与评估方法；油气管网和电网地磁暴灾害主动防御基础理论。

11. 在役油气长输管道安全保障技术基础

管道环焊缝检测融合识别基础理论；高精密高精度管道内检测装备基础理论与方法；油气管道修复用树脂材料性能增强理论与方法；油气管道缺陷检测、智能预警识别基础理论与方法。

12. 氢能储存、运输安全保障理论与技术基础

高压管材和焊缝氢损伤致灾演化机理；管道电磁控阵与超声耦合场检测基础理论；掺氢/纯氢泄漏监测预警基础理论；液氢及超高压氢气储存、运输安全保障新理论与技术；危险与异常情况的自动识别、报警与响应理论。

13. 基于物联网、大数据、云计算的化学品生产设备寿命预测方法

超大规模异构工业流危险化学品数据监测基础理论；危险化学品生产设备失效判定基础理论；基于工业元宇宙服务的云边协同危险化

学品数据寿命评估方法；危险化学品设备设施云边协同数据采集监控与组态优化方法；化学品生产设备寿命预测理论及方法。

14. 城市重特大火灾预防监测与处置技术基础

城市火灾风险早期精准识别基础理论；环保高效火灾防控基础理论；建构筑物安全高效灭火基础理论与方法；城市火灾高危场所预警基础理论与方法。

15. 航空交通运输安全与监控技术基础

飞行器适航与健康管理新理论；航班安全运行风险实时感知与智能预警、高原机场飞行区安全监控与风险预警模型；空域结构和飞行流量管理优化方法；泛在数据驱动的航空安全多层级风险研判与精准预警方法。

16. 自然疫源性传染病的监测方法与理论机制

野生动物消化系统病原菌的分离鉴定；病原体在野生动物中保存与传播、随迁徙物种长距离扩散、跨地区跨物种传播以及从野生动物向人群传播的机制与理论；鼠疫自然疫源地大范围监测方法，布鲁氏菌病的感染特征与慢性化因素，蚊密度自动监测识别方法。

17. 重大疫情预警与研判理论

重大疫情传播规律与社会干预措施基础理论；重大疫情传播规律与卫生应急系统处置能力评估方法；早期风险预警的模型选择，多维度疫情数据的收集与整合，流行病调查的自动化方法、高效化策略。

18. 流行病相关社会效应理论与机制

流行病调查与社会心理学机制及调控策略；流行病相关的社会经济学效应理论；流行病环境下的社会安全大数据以及智能技术应用理论。

19. 新发突发呼吸道传染病的基础理论与方法

新发突发呼吸道传染病机理与内在演变新理论；新发突发呼吸道

传染病图谱、评估与预测模型；新发突发呼吸道传染病的长期效应评估；新发突发呼吸道传染病及其合并其他重大疾病的监测与诊疗，以及国际化监控理论与方法。

20. 城市地下空间事故灾害多源信息智能侦测技术基础

城市地下空间连锁复合灾害演化机理及致灾模式；多源灾情信息感知与特征融合理论及智能预警方法，固移融合的边端协同地下空间事故灾害一体化侦测技术基础。

21. 城市跨类复合灾害定量风险评估理论与方法

城市跨类事故灾害演化机制与链生致灾机理，多源数据驱动的动态定量风险评估方法，基于动态风险量化分析的智能化管控机制。

22. 安全韧性科学原理与方法

复杂承灾系统韧性表征模型与特征参数，韧性动力学理论与方法；微观作用-中观现象-宏观涌现系统韧性原理与仿真方法；先天差异化特征和后天能力培养作用下个体生理/心理韧性过程演化机制与量化机理；基于本构关系与控制理论的个体生理/心理韧性过程模型。

23. 应急救援人员生理应激机制与智能预警方法

复杂灾害环境下救援人员生理认知变化规律与应激损伤表征，基于“模型-数据”混合驱动的救援人员异常状态智能预警方法。

24. 突发事件应急决策支持理论与方法

突发事件的启发式决策和结构化决策方法；动态决策与突发事件演化的相互作用规律；突发事件应对的主动诱导和干预决策机制，信息支撑、量化分析、机构协同与机制驱动的四位一体决策体系。

25. 社会安全基础理论与方法

智慧社会多尺度晶格模型和社会智治复杂信息系统自主演化预测模型，社会智治智能协同网联理论与方法，基于客观信息论的智慧司法运行规律基础理论。

26. 社会治理基础理论与方法

社会治理体系的韧性网络理论模型和效能评价体系，基于异构时空网络的社会协同治理知识图谱，社会治理演化机理；智慧监管的基础理论与方法、内在机理与评价模型；社会治理现代化效能评估体系。

27. 社会智治共性技术基础

境内外政法专网通信业务模型、信号体制及标准化方法，天地融合政法专网的广域海量传输和内生安全防护原理；社会安全大数据智能治理及大数据安全共享技术原理、风险指标体系及预警模型；社会治理数据安全保护与监管技术基础。

第九章　平安中国与社会治理领域发展推进措施和政策建议

一、加强组织领导，建立统筹协同机制

全面贯彻落实党中央、国务院重大决策部署，建立公共安全科技创新新型举国体制，构建中央科技委员会统筹协调、专业部门协同推进的安全科技创新工作新格局。

完善跨部门协同与信息共享机制。建立跨部门的组织方式，加强工作衔接与协调配合，打破从数据共享、风险治理到应急协调的部门壁垒，实现协同发展，建立从科学合理的顶层设计到网格联动的基层合作机制，加快推进军民融合国家科技支撑平台建设，促进安全科技在军民领域的深度整合。

加强安全科技需求的引导与管理，完善科学评价体系。注重合理布局，在需求分析的基础上，完善安全科技规划技术。以情景需求为引导，尊重科学技术的发展规律，发挥第三方评估作用，完善综合保障能力的评价指标体系，建立全面有效的技术、经济和社会效益评价体系，以保障安全科技发展。

二、统筹资源配置，构建国家实验室体系

从更大范围、更高层次，以更有效率的方式配置国家安全领域科技创新资源，通过重组和新建安全领域全国重点实验室、技术创新中心，建设安全领域国家实验室等高水平科研创新基地，打造公共安全领域国家战略科技力量。

创建我国首家以安全为主题的国家实验室，以统筹发展和安全的国家顶层设计为牵引，面向国家安全发展重大需求，瞄准世界安全科技前沿，建设理工文管大跨度、多学科交叉融合的公共安全综合开放式创新研究基地。

在防范国土巨灾方面，大幅提升巨灾风险的超前预见和综合应急能力，实现核心救援装备国产替代；在防治工业事故方面，解决适应极端复杂事故环境的监测监控、预测预警、应急处置核心技术和装备难题；在保障城乡安全方面，实现城乡基础设施安全监测、精准防控和韧性塑造；在安全风险智能感知方面，自主可控的安全传感芯片和工业软件达到或超过国际同类水平，跻身同类产品世界第一产业方阵。总体形成我国公共安全领域代表国家水平的国家队，为实现我国高质量发展和高水平安全的良性互动提供核心支撑。

三、坚持需求导向，推进重大工程实施

统筹“项目-基地-人才”建设布局，实施安全领域重大示范工程，强化国家财政资金在国家重大工程的投入，引导金融资本加大对安全应急装备研发和产业发展的支持力度，开辟多元化、多渠道的科技投入渠道。

在安全领域开展知识产权、科研院所、高等教育、人才流动、国际合作、金融创新、激励机制、市场准入等改革试验，努力在重要安全领域和关键环节取得新突破，及时总结推广经验，发挥示范和带动作用，促进创新驱动发展战略的深入实施。积极创造有利条件，加大公共财政对安全领域的科技投入。建立完善安全科技创新的投资机制，积极引导和拓宽社会资本、风险基金、担保机构、成果转化资金等多种资金来源的投入渠道。引导地方和行业加大科技投入，形成全社会的多元化安全科技投入机制，使安全科技领域的经费投入与保障国家安全的实际需求相适应。

四、加强自主创新，突破"卡脖子"技术

注重多学科、跨领域融合发展，将公共安全技术与新一代人工智能、前沿材料与先进制造等前沿技术紧密结合，加强科技自主创新，以关键共性技术、前沿引领技术、现代工程技术、颠覆性技术创新为突破口，针对安全领域科技创新瓶颈，研发"卡脖子"技术。进行公共安全科技前瞻性、系统性的顶层设计，加强标准化战略，创新公共安全数据共享机制，力争解决目前存在的低端过剩、高端不足、核心材料和高端装备依赖进口的问题。

积极引进国外先进技术与经验，按照"走出去，请进来"的国际科技合作原则，加强与国外的技术交流与合作，及时跟踪世界安全领域前沿技术及装备发展趋势，努力实现我国安全科技与世界先进水平同步发展，甚至超前发展。

五、夯实基础研究，统筹安全学科建设

扎实的基础科学建设是构建大安全格局的前提。目前，我国的安全学科囊括了安全科学与工程和国家安全学两个一级学科，这两个一级学科都是典型的多学科交叉的综合型、战略性新兴学科。未来，需要进一步统筹安全科学与工程和国家安全学两个一级学科的建设与人才培养，要面向国家重大需求，遵循学科发展与教育规律，创新安全人才培养模式。

探索"学科交叉、贯通融合"路径。要发挥好学科交叉作用，一方面，避免因为交叉而使得两个一级安全学科的研究问题在其他各学科里被边缘化、碎片化；另一方面，避免因为交叉而将两个一级学科的研究问题泛化为其他各学科的研究问题。另外，要把政治学、军事学、法学、工学、管理学等学科门类的问题研究、方法手段、人才特征融入两个一级学科的建设中，切实增强人才培养的实践性和多样化。

坚持"需求导向、体系重塑"的思路。两个一级学科建设要在融

合发展的基础上，从服务国家需求的核心目标出发建立学科知识体系和人才培养体系，包括服务总体国家安全观的理论创新、实践创新和推广创新，服务各领域全方位维护和塑造国家安全与各领域安全的能力提升，服务全民国家安全教育和意识能力的提升。国家安全学和安全科学与工程要从系统性、复杂性、动态性等多维度实现全新的综合和交叉，解决各安全领域中难以单独解决的问题，培养各安全领域难以单独培养的战略性、复合型人才。

六、壮大人才队伍，营造创新生态环境

不断健全“多元培养、特色突出”的人才培养体系，要把握好安全领域急需的高层次人才特点，探索多渠道、多样化的多元培养方式。培养具有国际竞争力的青年科技人才后备军，造就一批能力全面的战略科技人才、科技领军人才和创新团队。完善人才评价激励措施，持续激发科技人才创新活力。以提升我国安全科技水平、共同应对安全威胁为目标，多层次、多渠道、多方式推进国际科技合作与交流。

依托研究任务，培育具有自主研发能力的创新团队，特别注重加强各类创新主体的知识产权管理能力建设。针对政府机关、行业部门对于特殊人才的要求，开展面向实务领域的联合培养；针对我国国家安全的主要短板领域，定向培养和输送专业人才；针对科研院所和高校对于学术型、师资型人才的需要，加大力度从多学科选拔优秀生源进行专门培养。

加大对海外优秀人才的关注和引进力度，逐步将符合国家科技计划管理办法要求的新近留学归国的高层次人才纳入信息库和专家库，丰富本领域人才资源储备。

七、构建产业生态，推动安全产业发展

研发安全科学产学研发展模式。制定适合我国国情的各行业安全

生产科技发展规划，设立安全生产科技专项基金，加快各行业安全类国家重点实验室、安全工程技术中心等安全科学技术研究机构建设。充分利用和整合政府部门、高校、科研院所及企业等的安全科研资源，把矿山、石油化工等行业的安全生产中亟待解决的关键性技术难题列入国家和地方科技攻关计划。加快行业安全科技成果转化和科技创新步伐，支持有条件的企业进行科技创新，鼓励建设企业成果转化基地。抓好安全科技示范、安全学科建设和安全专业人才培养等战略性起步工程。

完善科技奖励机制，高效能利用国家在财税、金融、知识产权、人才、科技创新基地、平台建设等方面的一系列激励自主创新的政策措施，推进安全技术研发和科技成果的转化应用，支持、鼓励应急装备技术研发和产业发展，促进安全产业链的形成和发展。

积极支持技术优势单位组建产业技术创新联盟，强化领域应用开发类项目的产、学、研、用联合实施。鼓励企业牵头落实研究项目，发挥科技部国家科技计划对创新型企业加强创新能力提升和掌握自主知识产权核心技术的引导作用。

八、加强安全文化建设，提升全民安全意识

坚持以人为本，更加关注和维护经济社会发展中人的生命安全和健康，是安全文化建设的主旨目标，体现了社会主义核心价值观的基本要求。以“以人为本、关爱生命、安全发展”为核心，以促进企业落实安全生产主体责任、提高全民安全意识为重点，以改革创新为动力，坚持“安全第一、预防为主、综合治理”的方针，围绕中心、服务大局，不断提升安全文化建设水平，切实发挥安全文化对各安全领域的引领和推动作用。

加强公共安全文化的宣传教育和培训。推动公共安全知识切实进农村、进学校、进企业、进社区、进机关、进家庭，大力推动安全社

区、全国综合减灾示范区建设，广泛开展全国防灾减灾日、国际减轻自然灾害日、全国消防日等活动，提高社会公众的防灾避险意识和公共安全文化素质。开发各种形式的安全文化产品，引导公众增强风险意识和自救、互救能力；推进安全文化建设示范企业、安全社区创建活动，广泛深入开展“防灾减灾日”“安全生产月”“安全生产万里行”“消防119”等宣传教育活动，提升安全文化建设水平。

切实增强全民族的忧患意识、风险意识。在全社会树立“自救、互救、公共救助”的理念，开创“社会和谐人人有责、和谐社会人人共享”的生动局面。充分发挥各种媒体、文艺团体、文艺组织的作用和优势，运用群众喜闻乐见的多种形式，形成全社会良好的公共安全氛围。充分发挥专家学者的作用，整理和总结我国几千年来形成的防灾减灾和安全文化，编著出版相关著作，使之成为社会主义文化建设的重要内容，进一步增强文化自信。

加强安全文化教育基地建设。推进国家和地方安全教育（警示）基地，以及安全文化主题公园、主题街道建设。积极应用现代科技手段，融知识性、直观性、趣味性于一体，鼓励推动各地区、各行业领域及企业建设特色鲜明、形象逼真、触动心灵、效果突出的安全生产宣传教育展馆，提高社会公众对安全知识的感性认识，增强安全防范意识和技能。

关键词索引

T

Y

Z